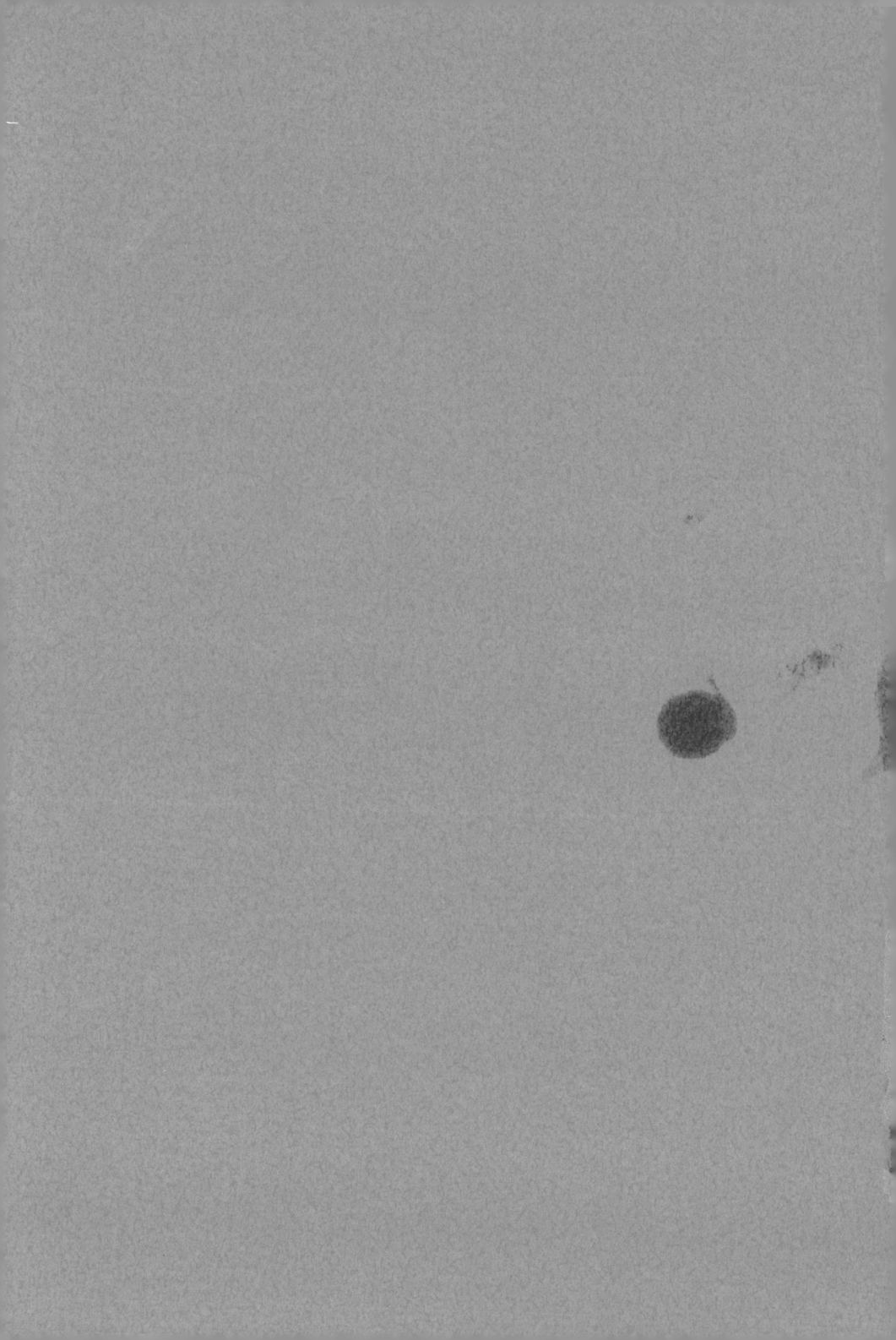

逐条解説

公共建築物等
木材利用
促進法

林野庁
林政部長
末松 広行

林野庁
林政部木材利用課長
池渕 雅和

大成出版社

はじめに

　国や地方公共団体が整備する建築物において、低層の公共建築物は原則としてすべて木造化を図るなど、率先して木材の利用を促進しようというのがこの法律の目的です。このような取組の進展により、一般の建築物への木材利用が拡大するという波及効果も期待されます。建築物に木材を利用することにより、温かみのある空間を形成することができるとともに、健康面などでも多くの効果があることが解明されつつあります。

　現在の我が国には豊富な森林資源がありますが、この森林資源を持続的に利用していくことが環境価値の保全のためにも地域経済のためにも重要です。森林は、災害の多い我が国にあって国土を保全し、水源をかん養し、さらに美しい癒しの空間と景観を提供しているだけでなく、持続可能なサイクルを維持するために適切な配慮を講じたうえで営まれる林業を通じて、地域の経済を支える存在でもあります。

　木材の利用については、戦後、地震や火災に弱いという理由で忌避された時代がありました。国会では、昭和25年に「都市建築物の不燃化の促進に関する決議」という決議が行われ、また、昭和30年には「木材資源利用合理化方策」が閣議決定されました。

　しかし、技術の進展とともにそれらの弱点は克服されてきました。例えば、イタリアでは、我が国の実験施設で耐震性能を試験したうえで、9階建ての木造高層建築物がつくられています。地震や火災に対して一定の強さが認められれば、建築物に木材を使うことでその良いところだけがプラスとして活きてくることになります。

　最近、様々な工夫と努力により木材をふんだんに使った建物が建築されつつありますが、このような例を拡大していくためにもまずは公共建築物から率先して事例を積み重ねていくことが重要だと考えます。

　「公共建築物は可能な限り木造化又は内装等の木質化を図る」という、

これまでの政策から大転換する意味もあるこの法律は、林野庁、国土交通省で検討が進められ、国会での審議を経て平成22年5月19日に成立し、5月26日に公布施行されました。検討に当たっては、当時の島田林野庁長官、飯高林政部長の指揮のもと担当課と法案検討室が作業を進めました。

　本書は、この法律の内容について趣旨や背景を含めて、行政実務を担当しているものがその考え方をまとめておくことに意義があると考えて執筆したものです。

　実際の執筆に当たっては、筆者のほか、木材利用課のメンバー（岡田裕貴総務班企画調整係長ほか）が主に担当しました。また、法案検討室各位（谷村栄二、今泉裕治、坂康之、稲本龍生、樽井雄嗣、服部浩治、石原さやか、西山正倫、岩元猛、坂東樹）が作成した資料を活用しました。

　もとより、法律の制定作業には多くの方々が関与しており、その全貌を承知しているものではないため一面的な部分も多いと思いますし、個人の見解で記述した部分も多いですが、本書が建築物等への木材利用に関心を持つ方々の参考になれば幸いです。

平成23年6月

　　　　　　　　　　　　　　　　末松広行（林野庁林政部長）

逐条解説 公共建築物等木材利用促進法　　目次

はじめに

第1部
総説

1. 森林・林業をめぐる状況　*3*
　　コラム1〔地球温暖化防止森林吸収源対策の取組〕　*4*
　　コラム2〔木材価格〕　*7*

2. 森林・林業の再生　*9*
　　（参考）森林・林業基本政策検討委員会最終とりまとめ
　　　　　「森林・林業の再生に向けた改革の姿」の概要　*12*

3. 木材利用の課題と法律制定の必要性　*18*
　　コラム3〔木材需要に占める建築用材の位置づけ〕　*19*
　　コラム4〔公共建築物における木材利用の波及効果〕　*21*

4. 法律の制定経緯　*25*

第2部
逐条解説

題名について　*28*
第1章 総則
　　　第1条（目的）　*29*
　　　　コラム〔木材収益の還元により確保される適切な森林整備〕　*32*
　　　第2条（定義）　*33*
　　　第3条（国の責務）　*44*

i

　　　　第4条（地方公共団体の責務）　50
　　　　第5条（事業者の努力）　51
　　　　第6条（国民の努力）　51

第2章　公共建築物における木材の利用の促進に関する施策
　　　　第7条（基本方針）　53
　　　　第8条（都道府県方針）　64
　　　　第9条（市町村方針）　64
　　　　第10条（木材製造高度化計画の認定）　69
　　　　第11条（木材製造高度化計画の変更等）　70
　　　　第12条（林業・木材産業改善資金助成法の特例）　71
　　　　第13条（森林法の特例）　75
　　　　第14条（国有施設の使用）　78
　　　　第15条（報告の徴収）　82
　　　　第16条（罰則）　82

第3章　公共建築物における木材の
　　　　利用以外の木材の利用の促進に関する施策
　　　　第17条（住宅における木材の利用）　84
　　　　第18条（公共施設に係る工作物における景観の向上
　　　　　　　　及び癒（いや）しの醸成のための木材の利用）　86
　　　　第19条（木質バイオマスの製品利用）　87
　　　　第20条（木質バイオマスのエネルギー利用）　87

附　則
　　　　第1条（施行期日）　90
　　　　第2条（検討）　91

第3部
参考資料

公共建築物等における木材の利用の促進に関する法律　*95*
　（平成22年5月26日法律第36号）

公共建築物等における木材の利用の促進に関する法律案に
対する附帯決議　*105*

公共建築物等における木材の利用の促進に関する法律施行令　*106*
　（平成22年9月14日政令第203号）

公共建築物等における木材の利用の促進に関する法律施行規則　*108*
　（平成22年9月30日農林水産省令第51号）

公共建築物における木材の利用の促進に関する基本方針　*119*
　（平成22年10月4日農林水産省、国土交通省告示第3号）

木材製造高度化計画等認定事務取扱要領　*134*
　（平成22年10月4日付け22林政産第79号林野庁長官通知）

公共建築物等木材利用促進法【主要Q&A集】
　目　次

【総論】
- Q1　法律の概要はどのようなものですか。　*145*
- Q2　これまでの木材利用推進策と何が違うのですか。　*146*
- Q3　公共建築物への木材利用の実効性をどのように確保していくのですか。　*146*
- Q4　本法による木材需要量の増加や自給率向上など、その効果をどの程度見込んでいるのですか。　*147*

Q5　木造建築物は、非木造に比べてコストがかかるのではないですか。　148
Q6　木材製造高度化計画の認定制度が、中小木材業者の切り捨てにつながる可能性はないのですか。　149
Q7　公共建築物の木造化率が低い状況にある原因について教えて下さい。　149
Q8　本法の対象となる公共建築物の範囲はどのようなものですか。　150
Q9　建築物への木材利用に当たって、建築基準法に基づく規制があるために困ることはないのですか。　151
Q10　「森林・林業再生プラン」に基づく政策全体の見直しの中で、本法律はどう位置づけられるのですか。　152
Q11　公共施設に係る工作物における景観の向上及び癒しの醸成のための木材利用については、どのようにその利用を推進するのですか。　152
Q12　木質バイオマスの利用については、どのように推進していくのですか。　153
Q13　本法律の対象を国産材に限定する必要性について。　154
Q14　なぜ公的主体ではない民間事業者の整備する公共建築物について木材利用を促進するのですか。　154

【国が定める基本方針について】
Q15　国が定める基本方針の内容について教えて下さい。　155
Q16　「農林水産省木材利用推進計画」に基づく取組の推進状況はどうなっているのですか。　156
Q17　各省庁における木材の利用実績はどうなっているのですか。また、このうち法律の対象となるような木造公共施設の実績はどうなっているのですか。　157

【木材製造高度化計画の認定について】
Q18　木材製造高度化計画の認定制度の概要、メリットについて教えて下さい。　158
Q19　高度化の「目標」及び「内容」の具体的なイメージについて教えて下さい。　158

Q20 計画認定制度は、木材製造の高度化に取り組まない一般の木材製造業者に何らかの義務を課したり、業者を選別することにならないのですか。　*159*

Q21 林業・木材産業改善資金の特例の概要やその効果について教えて下さい。　*160*

Q22 森林法の特例の概要やメリットについて教えて下さい。　*161*

Q23 複数の木材製造業者が共同で計画の認定を受けることはできるのですか。　*162*

───【国有試験研究施設の使用について】───
Q24 国有の試験研究施設の使用に係る特例の目的及び効果について教えて下さい。　*162*

Q25 国有試験研究施設の減額使用について、どのような手続が必要ですか。　*163*

───【その他】───
Q26 地域材を活用した公共建築物や住宅等への補助を行うべきではないですか。　*164*

Q27 国土交通省は国が整備する官庁施設について、木造についてはどのような技術基準がありますか。　*164*

Q28 公共建築物における木材の利用を促進するに当たっては、揮発性物質を放散する木材製品の使用を規制するなどのシックハウス対策を講ずるべきではないですか。　*165*

Q29 新たな木質の建築材料を利用する場合に必要な国土交通大臣認定の取得に当たり、支援が必要ではないですか。　*166*

Q30 公共建築物への木材利用においては、JAS材が求められる場合が多いことから、JAS工場認定取得のための支援が必要ではないですか。　*167*

森林・林業再生プラン―コンクリート社会から木の社会へ―　*168*
（平21年12月25日農林水産省）

森林・林業の再生に向けた改革の姿
―森林・林業基本政策検討委員会 最終とりまとめ― 175
（平成22年11月森林・林業基本政策検討委員会）

第1部
総説

1. 森林・林業をめぐる状況
2. 森林・林業の再生
3. 木材利用の課題と法律制定の必要性
4. 法律の制定経緯

1 森林・林業をめぐる状況

1. 林業は、森林から木材等の林産物を生産する産業であるとともに、その生産活動を通じ、森林のもつ多面的機能の発揮や、山村地域における雇用の確保に貢献する産業である。

　我が国の森林のうち、約1,000万haは戦後を中心に造成されたスギ・ヒノキ等の人工林である。この多くは、間伐等の施業が必要な育成段階にあるが、伐採して木材として利用可能となるおおむね50年生以上の高齢級の人工林が年々増加しつつある。高齢級の人工林は、平成19年度末時点で人工林面積の約4割を占めるにすぎないが、現状のまま推移した場合、10年後には6割にまで増加すると見込まれている（図Ⅰ-1）。このように、我が国の人工林は資源として量的に充実しつつあり、これまでの造林・保育による資源の造成期から間伐や主伐による資源の利用期へと移行する段階にある。

図Ⅰ-1　我が国の森林資源の状況

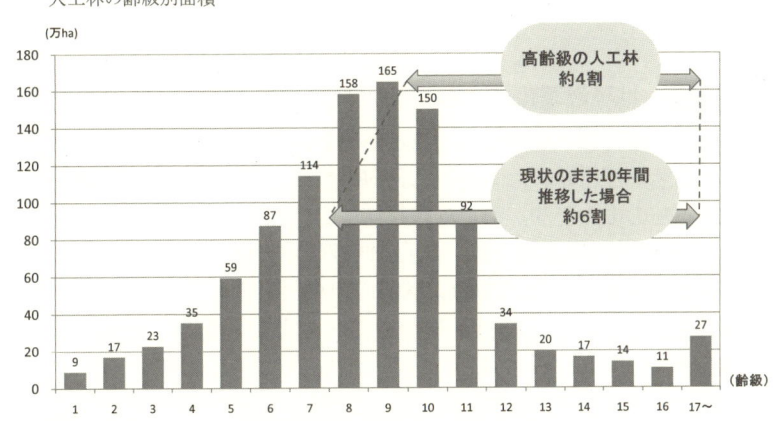

出典：林野庁資料
注：1）森林法第5条及び第7条の2に基づく森林計画の対象となる森林の面積である。
　　2）平成19年3月31日現在の数値である。

2．他方、我が国の外材輸入をめぐる情勢をみれば、中国等の新興経済国における木材需要の増大、主要木材輸出国であるロシアにおける丸太の輸出税の引上げの動きなど、その先行きは不透明な状況となっている。このような中、国内においては国産材専門の大規模な製材工場や合板工場が増加しており、木材を供給する側である林業においては、これらの工場に原木を安定的に供給することが求められている。

　また、平成20年秋以降の景気の急速な悪化の影響を受け、我が国の雇用情勢は、失業率が過去最高を記録するなど深刻の度を増しており、新たな雇用の創出が喫緊の課題となっている。森林・林業分野についても、未来の成長分野として雇用の創出に強い期待が寄せられている。

　さらに、地球温暖化対策として、我が国は、京都議定書に基づき温室効果ガス排出量を平成2年比で6％削減することを約束している。この目標の達成のためには、森林吸収量の確保等に必要な間伐等の森林整備を進めるとともに、製造・加工時における二酸化炭素の排出量が少ない資材である木材の利用を拡大していくことが重要となっている。

　このように、我が国の森林・林業については、木材の安定供給や雇用の創出、地球温暖化対策の推進など様々な期待が寄せられており、その果たすべき役割が大きくなっている。

コラム1　地球温暖化防止森林吸収源対策の取組

○京都議定書で森林吸収源の対象と認められる森林は、平成2年以降に人為活動が行われた森林で、「新規植林」、「再植林」、「森林経営」によるもののみです。新たな森林造成の可能性が限られている我が国においては、「森林経営」による吸収量が大宗を占めています。

○京都議定書第一約束期間の森林吸収目標（1,300万炭素トン）の達成のためには、平成19年度以降6年間にわたり、毎年55万ha（計330万ha）の間伐が必要です。平成20年度は55万haの間伐を実施しています。

1. 森林・林業をめぐる状況

■ 京都議定書で森林吸収源の算入対象となる森林

○ 新規植林・再植林
1990年時点で森林でなかった土地に植林（3条3項）

1990年　　　　　　　　　　2012年

対象地はごくわずか

○ 森林経営
持続可能な方法で森林の多様な機能を十分発揮するための一連の作業（3条4項）

1990年　　　　　　　　　　2012年

既にある森林のうち、間伐等が行われた森林が対象

出典：林野庁資料

■ 我が国の温室効果ガス排出量の推移及び見通し

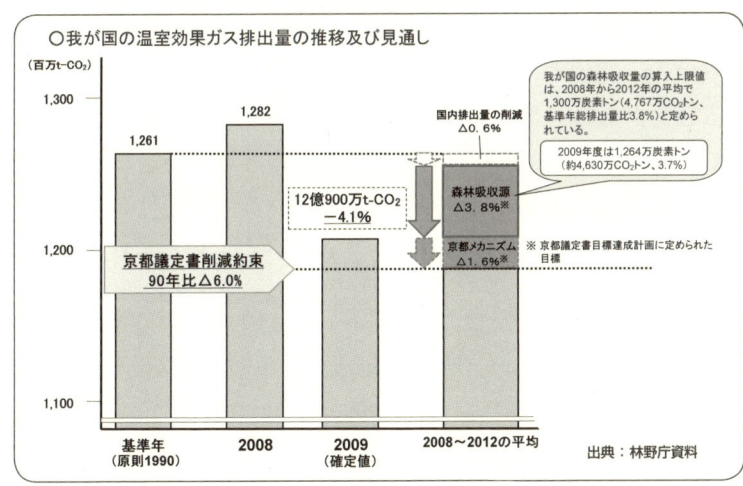

○我が国の温室効果ガス排出量の推移及び見通し

出典：林野庁資料

3．我が国の森林・林業の再生のためには、その採算性を回復させていくことが重要である。林業の採算性を大きく左右する丸太価格は、最終製品である製材品等の価格から流通や加工に必要な経費が差し引かれた結果として決まる実態にある。国産材の流通・加工は小規模・分散的な構造にあり、現在、効率化や大規模化が進められている。今後、これらの取組による流通・加工の低コスト化が丸太価格の引上げにつながることが期待される。

しかし、現在、建設が進んでいる大規模な製材工場等の主要生産品目であるラミナ・合板等の原料丸太は並材・低質材が中心となること、また、木材が各国間を広範に流通する国際商品であることを踏まえれば、丸太や製材品等が国際相場からかけ離れた価格で取引されることは想定できず、上値にはおのずと制約があると考えられる。

また、我が国の現在の木材価格は、一時の高値からは大幅に下落しているものの、欧州と比較すれば必ずしも低いとはいえないことにも留意する必要がある（コラム2）。先に述べたように国産材への期待が高まっているとはいえ、木材価格の上昇がさほど期待できない状況を踏まえれば、林業の採算性の回復のためには、林業の生産性向上により、造林・保育や素材生産の費用の縮減を進めていくことが必要となる。

1．森林・林業をめぐる状況

コラム2 木材価格

○中国等における需要増や為替相場の変動などにより、外材丸太価格は大きく変動する一方、国産丸太の価格変動は緩やかになっています。

○スギ・ヒノキ・米ツガの正角及び米マツ平角の価格が比較的安定しているのに比べ、ホワイトウッド集成管柱の価格は大きく変動しています。

■ 丸太価格の推移

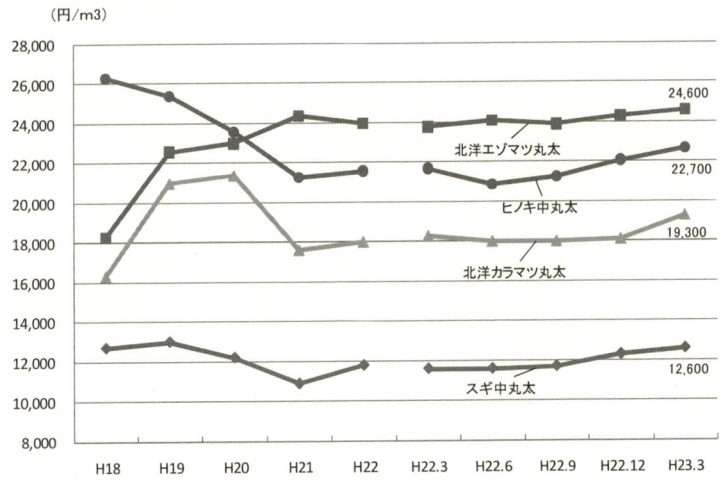

出典：農林水産省「木材価格」
注：規格は、次のとおり。
　スギ中丸太径　　　　14.0〜22.0cm　　長3.65〜4.0m
　ヒノキ中丸太径　　　14.0〜22.0cm　　長3.65〜4.0m
　北洋エゾマツ丸太径　20.0〜28.0cm　　長3.8m以上
　北洋カラマツ丸太径　20.0cm以上　　　長4.0m以上

第1部　総　説

■　製品価格の推移

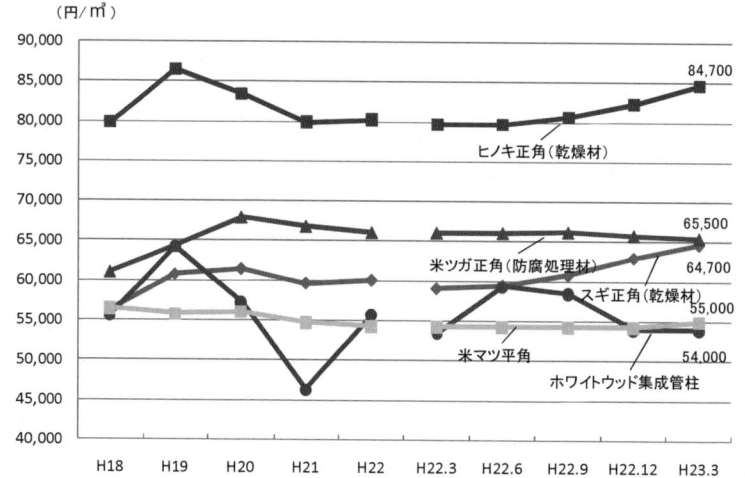

出典：農林水産省「木材価格」、日刊木材新聞
注1：規格は、次のとおり。
　　　スギ正角（乾燥材）、ヒノキ正角（乾燥材）　　10.5×10.5cm　長3.0m
　　　米ツガ正角（防腐処理材）　　　　　　　　　　12.0×12.0cm　長4.0m
　　　米マツ平角　　　　　　　　　　　　　　　　　10.5～12.0×24.0cm　長3.65～4.0m
　　　ホワイトウッド集成管柱　　　　　　　　　　　10.5×10.5cm　長3.0m
注2：価格は、ホワイトウッド集成管柱については販売店着価格であり、その他の材は、
　　木材市売市場、木材センター及び木材問屋における小売業者への店頭渡し販売価格

2 森林・林業の再生

1．我が国は、国土の約7割を森林が占める「森林国」である。森林は、木材生産機能とともに、水源のかん養、国土の保全、地球温暖化の防止、生物多様性の保全などの公益的機能を有し、私たちの日常生活に欠くことのできない様々なサービスを提供している。また、森林から木材等の林産物を生産する林業は、その生産活動を通じ、このような森林の有する多面的機能の発揮や山村地域における雇用の確保に貢献する産業である。

　現在、我が国の森林は、戦後造成された人工林を中心に毎年約8,000万m³ずつ蓄積が増加するなど資源として量的に充実しつつあるが、施業集約化や路網整備、機械化の立ち後れ等による林業採算性の低下等から森林所有者の林業離れが進み、資源が十分に活用されないばかりか、必要な施業が行われず多面的機能の発揮が損なわれ、荒廃さえ危惧される状況になっている。一方で、国際的には、地球温暖化の進行や生物多様性の減少など人類の存続にもかかわる環境問題が深刻化する中で、森林の持つ役割の重要性が認識されるとともに、中国における木材需要の増大やロシアにおける製品輸出への転換等から、輸入材をめぐる状況は不透明感を増しており、安定的な木材供給に対する期待が高まっている。

　本節は、森林・林業基本政策委員会最終とりまとめ「森林・林業の再生に向けた改革の姿」(平成22年11月)を活用して作成している。

第1部　総説

図Ⅰ-2　森林資源の成長量の状況

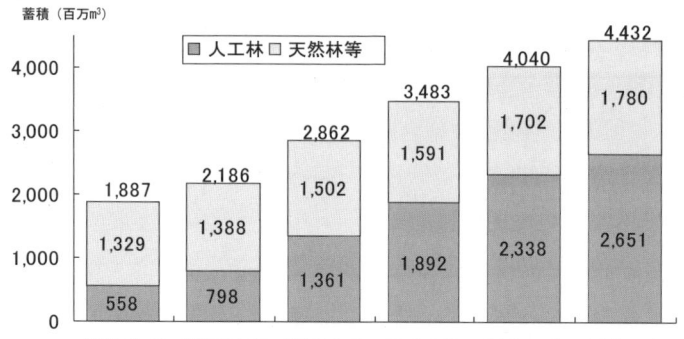

出典：林野庁資料
注：1）各年の3月31日現在の数値である。
　　2）その他は無立木地（伐採跡地、未立木地）、竹林である。
　　3）四捨五入の関係で、総数と内訳の計は必ずしも一致しない。

2．このため、農林水産省は、森林の多面的機能の確保を図りつつ、先人たちが営々と築き上げてきた人工林資源を積極的に活用し、木材の安定供給体制の確立、雇用の増大を通じた山村の活性化、木材の利用を通じた低炭素社会の構築を図るため、平成21年12月に「森林・林業再生プラン」を策定した。

この「森林・林業再生プラン」は、木材などの森林資源を最大限に活用することを通して、雇用の拡大にも貢献し、我が国の社会構造を21世紀にふさわしく環境に負荷の少ない持続的なものに転換していくものであり、平成22年6月に閣議決定された「新成長戦略」において、「21世紀日本の復活に向けた21の国家戦略プロジェクト」の一つに位置づけられている。森林・林業の再生は、山村のみならず、21世紀の我が国全体の成長を支える分野として大いに期待されている。

農林水産省に設置された「森林・林業再生推進本部」においては、五つの検討委員会が設置され、そのうち、基本政策検討委員会は、平成22年11月に「森林・林業再生プラン」の実現に向けた具体的な方策を明らかにした「森林・林業の再生に向けた改革の姿」をとりまとめた。これ

は、今後10年間を目途に、森林施業の集約化、路網の整備、必要な人材の育成を軸とした効率的・安定的な森林経営の基盤づくりを進めるために最低限必要な処方箋であり、その実施に当たっては、各地域で森林づくりに携わっている国、都道府県、市町村、森林組合、民間事業体、森林所有者等の関係者が知恵と工夫を出し合い、一体となって取組を進めていくことが不可欠である。

※五つの検討委員会
・　農林・林業基本政策検討委員会
・　路網・作業システム検討委員会
・　森林組合改革・林業事業体育成検討委員会
・　人材育成検討委員会
・　国産材の加工・流通・利用検討委員会

参考｜森林・林業基本政策検討委員会最終とりまとめ

「森林・林業の再生に向けた改革の姿」の概要

1．改革の方向
　これまでの森林・林業政策は、森林造成に主眼が置かれ、持続的な森林経営を構築するためのビジョン、そのために必要な実効性のある施策、体制をつくらないまま間伐等の森林整備に対し広く支援。その結果、施業集約化や路網整備、機械化の遅れ、脆弱な木材供給体制、森林所有者の林業への関心の低下という悪循環に陥っている状況。このことを真摯に受け止め、森林・林業に関する施策、制度、体制について、抜本的に見直し、新たな森林・林業政策を構築していくことが必要。このため、以下の点について段階的、有機的に推進し、10年後の木材自給率50％以上を目指す。
　① 適切な森林施業が確実に行われる仕組みを整えること
　② 広範に低コスト作業システムを確立する条件を整えること
　③ 担い手となる林業事業体や人材を育成すること
　④ 国産材の効率的な加工・流通体制づくりと木材利用の拡大を図ること

2．改革の内容
（1）全体を通じた見直し
　　・国、都道府県、市町村、森林所有者等の各主体がそれぞれの役割の下、自発的な取組を推進するため、市町村森林整備計画のマスタープラン化、森林経営計画（仮称）の創設など持続的な森林経営を確保するための制度的枠組みを整備
（2）適切な森林施業が確実に行われる仕組みの整備
　　・無秩序な伐採の防止や伐採後の更新を確保するための制度を導入
　　・意欲と能力を有する者が、面的なまとまりを持って集約化や路網整備等に関する計画を作成する森林経営計画（仮称）制度を創設
　　・森林経営計画（仮称）作成者に限定して、集約化に向けた努力やコ

スト縮減意欲を引き出しつつ必要な経費を支払う森林管理・環境保全直接支払制度を創設
(3) 広範に低コスト作業システムを確立する条件整備
・森林経営計画(仮称)等による施業集約化の推進や境界明確化の加速化
・丈夫で簡易な路網として、林業専用道、森林作業道の区分を新設し、全国的に共通する規程・技術指針等を作成
・路網開設等に必要な人材の育成、路網整備を加速化させていくための支援を充実
(4) 担い手となる林業事業体の育成
・森林組合については、施業集約化・合意形成、森林経営計画（仮称）作成を最優先の業務とし、その実行状況を明確化
・森林組合と民間事業体とのイコールフッティング（機会均等）を確保
(5) 国産材の効率的な加工・流通体制づくりと木材利用の拡大
・川上から川中・川下までのマッチング機能を備えた商流・物流の構築等、民有林と国有林の連携強化しつつ効率的な流通体制づくり
・設計者など人材の育成、公共建築物等木材利用促進法に基づく公共建築物の木造化の推進、合法木材の普及等木材利用に対する消費者等理解の醸成
・パーティクルボード等の木質系材料や石炭火力発電所での混合利用等木質バイオマスの総合利用
(6) 人材育成
・森林・林業に関する専門知識・技術や実務経験など、一定の資質を有する者をフォレスターとして認定し、市町村森林整備計画の策定等市町村行政を支援できる仕組みを創設
・森林経営計画(仮称)の作成、集約化施業を推進するため、必要な知識習得のための研修を実施し、森林施業プランナーを育成、能力向上
・国有林は多様な立地を活かしてニーズに最も適した研修フィールドや技術を提供

第1部　総　説

図I-3　森林・林業の再生に向けた改革の姿（イメージ）

現　状

○施業放棄森林の増加

○形骸化している森林計画制度

○計画がなくとも補助事業が受けられ、バラバラな森林施業を実施

○丈夫で簡易な路網整備への対応の遅れ

○計画的な人材育成策の欠如

森林計画制度の見直し

○ 森林計画制度の見直しによる適正な
○ 森林管理・環境保全直接支払制度の

森林施業の集約化により規模が拡大

伐採跡地の確実な更新

林業事業体による計画的かつ効率的な間伐の実施

木材の安

2．森林・林業の再生

路網整備・人材育成
○ 丈夫で簡易な路網整備の加速化
○ フォレスターなど必要な人材の育成
○ 担い手となる林業事業体の育成

確保
による集約化推進

地域における合意形成

市町村が主体的に森林を区分

林業専用道
森林施業に直結し10t積みトラックの走行を想定した必要最小限の構造

林業専用道

森林作業道

森林作業道
森林施業用に限定 フォワーダ等の林業機械の走行を想定

林道

国有林の貢献
○ 国有林は、安定供給体制づくり、研修フィールドや技術を活用した人材育成を推進

的な供給

出典：林野庁資料

第1部 総説

現状

○流通構造が小規模・分散・多段階

○需要者のニーズに対応できていない供給体制

○公共建築物の木造率が低位

○毎年2,000万m³の林地残材が発生

○消費者理解の醸成、人材の育成が必要

木材資源の活用
○ 公共建築物における木材利用の促進
○ 木質バイオマス利用の拡大
○ 国産材の安定供給体制の構築

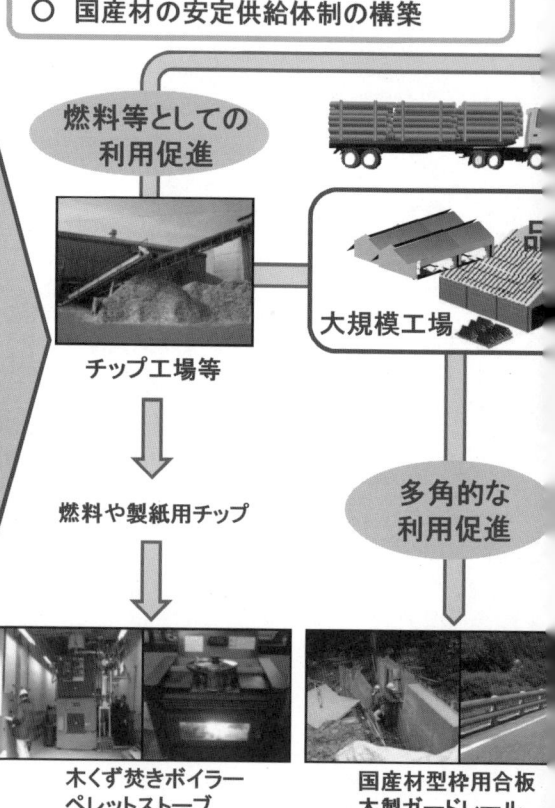

燃料等としての利用促進

チップ工場等

燃料や製紙用チップ

木くず焚きボイラー
ペレットストーブ
石炭混焼 等

大規模工場

多角的な利用促進

国産材型枠用合板
木製ガードレール

10年後の姿　木材自給率50％以上

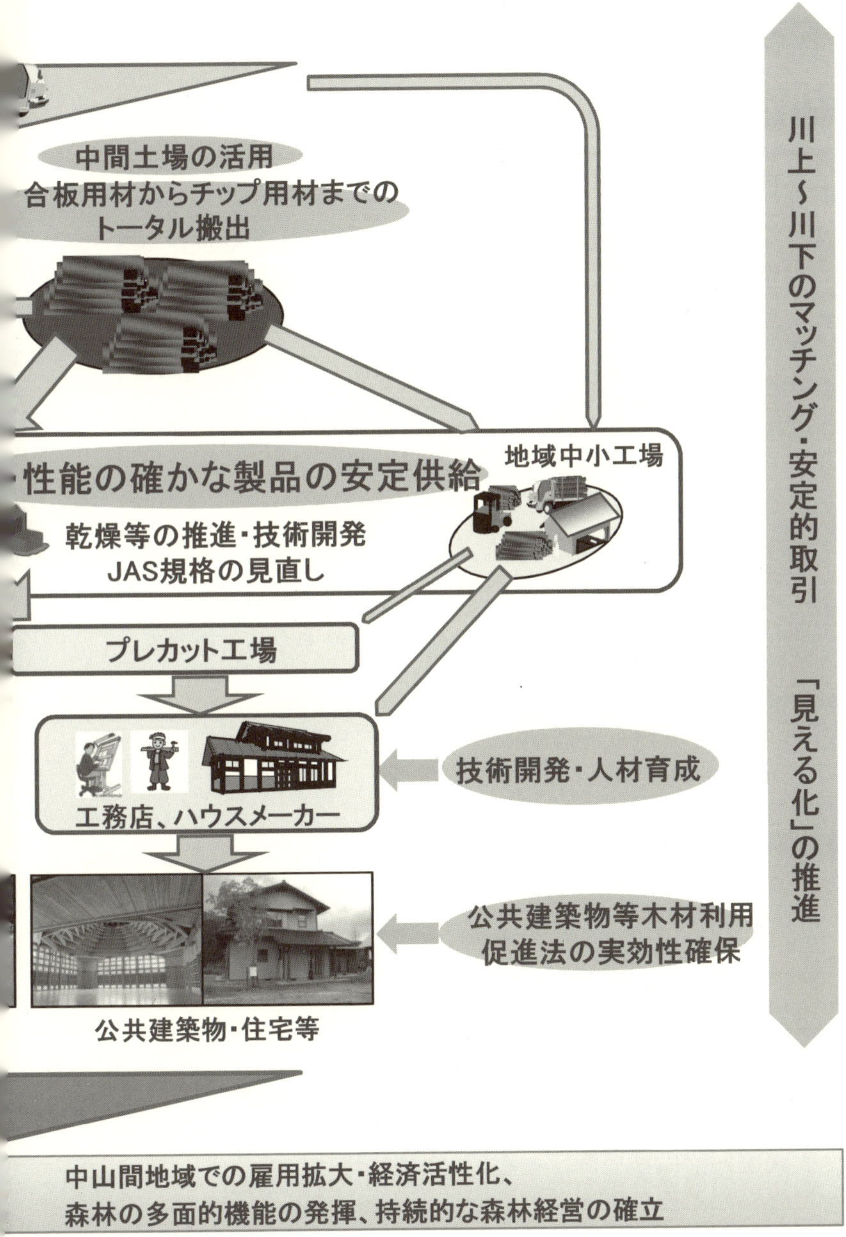

2．森林・林業の再生

中間土場の活用
合板用材からチップ用材までのトータル搬出

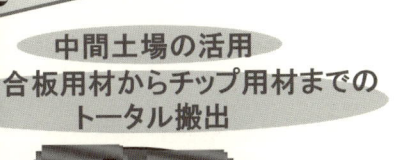

性能の確かな製品の安定供給

乾燥等の推進・技術開発
JAS規格の見直し

地域中小工場

プレカット工場

工務店、ハウスメーカー

技術開発・人材育成

公共建築物・住宅等

公共建築物等木材利用促進法の実効性確保

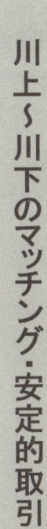

川上～川下のマッチング・安定的取引

「見える化」の推進

中山間地域での雇用拡大・経済活性化、森林の多面的機能の発揮、持続的な森林経営の確立

出典：林野庁資料

3 木材利用の課題と法律制定の必要性

1．森林・林業再生プランに掲げる「10年後の木材自給率50％以上」という目標の達成に向けて、国産材の需要拡大を図って行くためには、輸入材の原料を国産材に転換していくことが重要である。しかしながら、木材需要の約5割を占めるパルプ・チップ用材については、我が国の森林では大量・安定的な生産が困難な広葉樹が多く求められるなど、国産材のシェア（現状17％）の向上には限界がある。その一方で、国内における木材需要の約4割を占める建築物用の木材は、現在のところ国産材のシェアが約3割に留まっているが、パルプ・チップ用材とは違って林業・木材産業の競争力強化により今後その拡大が見込めるとともに、鉄筋やコンクリート等の他資材からの代替による更なる需要が期待されることから、建築物における国産材の利用の促進のために必要な施策を図ることが有効である。

図Ⅰ-4　木材需要・木材価格の状況

木材供給量と自給率の推移

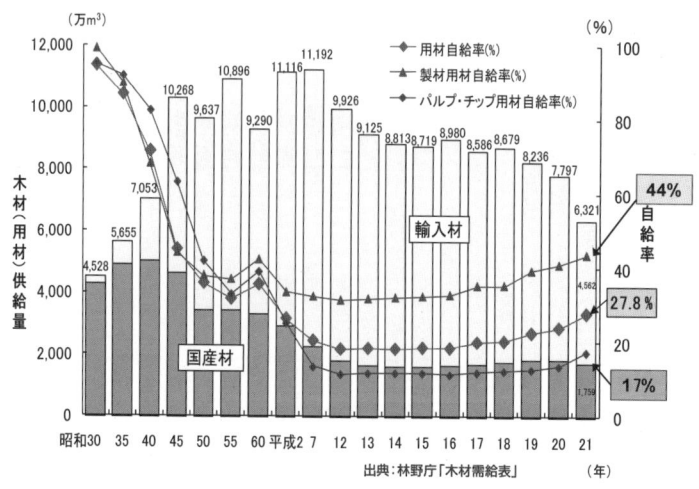

出典：林野庁「木材需給表」

3．木材利用の課題と法律制定の必要性

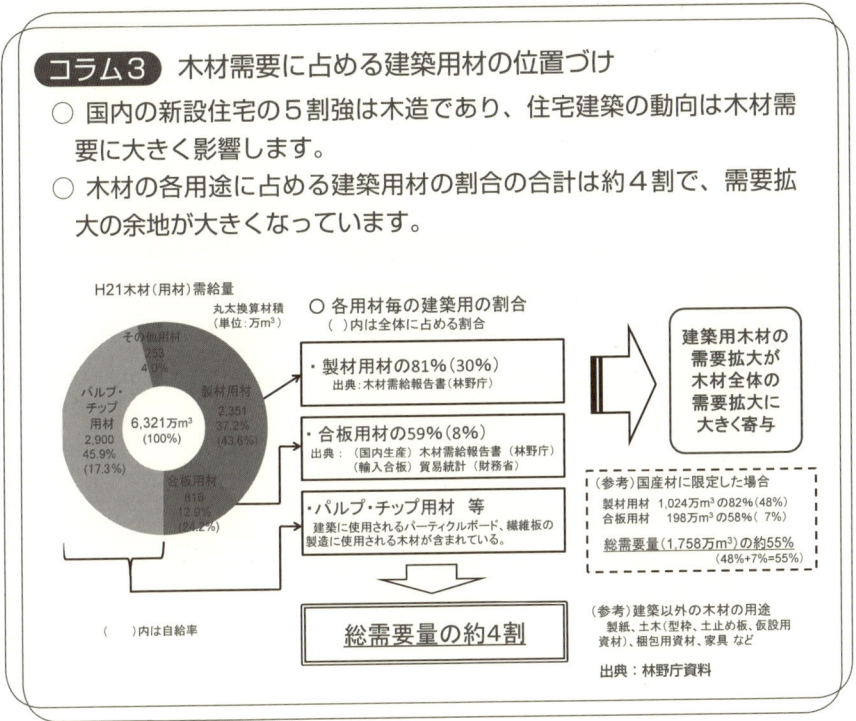

2．この際、建築資材としてどのような材を利用するかについては、本来的には整備主体の嗜好等の自由意思に基づくものであることから、建築物全般を施策の対象とすることは必ずしも適当ではないが、一方で、建築物全般のうち、国・地方公共団体が整備する建築物（庁舎、学校など）については、

① 公共の利益に資するために事業・事務を行う公的主体であり、政策的に木材利用を促進する場合には、民間事業者の模範となるようにこれに取り組むべき立場にあり、かつ、

② 森林・林業基本法（昭和39年法律第161号）や森林法（昭和26年法律第249号）において、適切な役割分担のもとで、それぞれ、森林の適正な整備・保全を図るために必要な施策を企画立案し、これを実施

する責務を有しており、木材の適切な供給及び利用の確保について取り組むべきことが求められていることから、国・地方公共団体が、率先して、自らが整備する建築物における木材利用に取り組むことが必要である。

　さらに、国・地方公共団体以外の者が整備する建築物にあっても、国と同等の取組を求めることは適当ではないが、その用途・性質において相当程度の公共性が認められるものについては、国・地方公共団体が整備する建築物に準じて取り扱い、木材の利用の促進について相応の協力を求めることが適当である。また、国・地方公共団体が整備する建築物及びこれに準ずる建築物（以下「公共建築物」という。）に対して木材利用を促進することにより、一般の建築物への木材利用が拡大するという波及効果を期待することもできる。

3．木材利用の課題と法律制定の必要性

> **コラム4** 公共建築物における木材利用の波及効果
>
> ○「一定規模（例えば床面積3,000㎡）以下の公共建築物は原則木造化」といった明確な指針を定めた県では、その後の建築物の木造率が上昇する傾向にあります。
>
> ○ このような明確な方針を国が示し、地方公共団体もこれに即して方針を定めることは、公共建築物の木造化のみならず民間建築物の木造化の推進にも大きな波及効果が期待できます。
>
> ```
> 平成8年から平成18年の10年間の
> 建築物の木造率（着工床面積ベース）の変化
>   木造率の変化        （H8木造率 → H18木造率）
>     全建築物  －3.8%  （37.8% → 34.0%）
>     うち 住宅 －2.3%  （55.4% → 53.1%）
> ```
>
> ```
> 「県の施設は一定規模（例えば床面積3,000㎡）以下の
> ものを原則木造化」といった明確な指針を定めている
> 県(※)とそれ以外の県とで比較すると
>   木造率の変化        （H8木造率 → H18木造率）
> 指針のある県
>     全建築物  ＋1.6%  （37.6% → 39.2%）
>     うち 住宅 ＋6.5%  （52.7% → 59.2%）
> 指針のない県
>     全建築物  －4.7%  （37.8% → 33.1%）
>     うち 住宅 －4.0%  （56.0% → 52.0%）
> ```
>
> 指針のある県とない県とでは、平成8年時点での木造率には明確な差がなかったにもかかわらず、その後10年間の木造率の変化には顕著な差
>
> ⇒ 民間建築物への波及効果
>
> (※)秋田、栃木、埼玉、兵庫、島根、高知、愛媛の7県
> 建築着工統計を基に、農林水産省において分析
> 出典：林野庁資料

3．このため、

① 建築物における木材需要を拡大するため、国として公共建築物への木材の利用の促進に向けた基本的な方向性を示すことに加え、国自らが木材の利用に向けた積極的な姿勢を示すことで、国民に対して更なる木材の利用の促進を呼びかけるとともに、

② こうした木材需要の拡大に対応して、森林の整備・保全に悪影響を及ぼすような無制限な木材供給ではなく、林業の持続的かつ健全なサイクルを維持するために適切な配慮を行った上での木材供給が行われ

第1部　総　説

るための体制を整備していく
必要がある。
4．具体的には、
　① 　利用面において、国が基本方針において公共建築物における木材利用の促進のための意義や基本的方向を示した上で、特に民間への波及など木材需要を拡大する効果が大きい公共建築物については、国自らが整備する場合における木材利用の目標を明らかにするとともに、
　② 　木材の利用の推進を実効性のあるものとするため、供給面において、森林の適正な整備及び保全に配慮した木材供給を行いつつ、公共建築物の建築に用いる木材を円滑に供給するための体制を整備するための制度（木材製造高度化計画制度）を導入するとともに、
　③ 　併せて、公共建築物等の整備の用に供する木材の生産に関する試験研究の実施を支援するため、国の試験研究施設の使用の対価の減額に係る支援措置を講ずる
ための新たな法律を制定することとした。
5．年間に整備される建築物のうち木造建築物の割合（平成20年度、床面積ベース、建築着工統計）は、全体で36％であるが、特に公共建築物においては7.5％と極めて低水準である。
　このように、公共建築物への木材利用が低いのは、①戦後の災害に強いまちづくりに向けた耐火性、耐震性に優れた建築物への要請、②戦後復興期の大量の伐採による森林資源の枯渇や国土保全上の問題への懸念などから、国や地方公共団体が率先して建築物の不燃化(非木造化)を進めてきたことが主たる理由の一つである。
　また、長くて太い木材や強度・含水率等が明確な木材など公共建築物に適した木材の供給体制が整っていなかったこと等により、公共建築物の木材利用のニーズに対応できなかったことも要因の一つである。
　このような認識に基づき、本法では、従来の「建築物の非木造化」という方針を転換し、公共建築物について「可能なものは木造化、木質化

3. 木材利用の課題と法律制定の必要性

を進める」ことを国が定める基本方針の中で明確に示し、国が率先して木造化等に取り組み、地方公共団体や民間事業者に対しても国の方針に即した主体的な取組を促し、住宅を含め、幅広く木材需要を拡大していくことをねらいとしている。

その際、建築基準法その他の法令に基づく基準において耐火建築物とすること又は主要構造部を耐火構造とすることが求められていない低層の公共建築物（庁舎、職員宿舎は3階以下、それ以外は2階以下）において、積極的に木造化を促進することとしており、国の目標として、「国が整備する低層の公共建築物は、原則としてすべて木造化を図る」こととしている。

図Ⅰ-5 公共建築物の木造化の現状

		新築・増築・改築に係る床面積の合計（万㎡）	うち、木造のものの床面積の合計（万㎡）	木造率(%)
建築物全体※		15,139	5,467	36
	公共建築物（国、地方公共団体、民間事業者が整備する学校、老人ホーム、病院等の建築物）	1,479	111	7.5
	うち低層の建築物	608	111	

※住宅を含む。
(注1) 床面積の合計は、農林水産省において試算したものである。
(注2) 木造とは、建築基準法第2条第5号の主要構造部（壁、柱、床、はり、屋根又は階段）が木造のものである。

出典：建築着工統計（平成20年度）に基づき農林水産省が試算

図Ⅰ-6　「公共建築物等における木材の利用の促進に関する法律」の概要

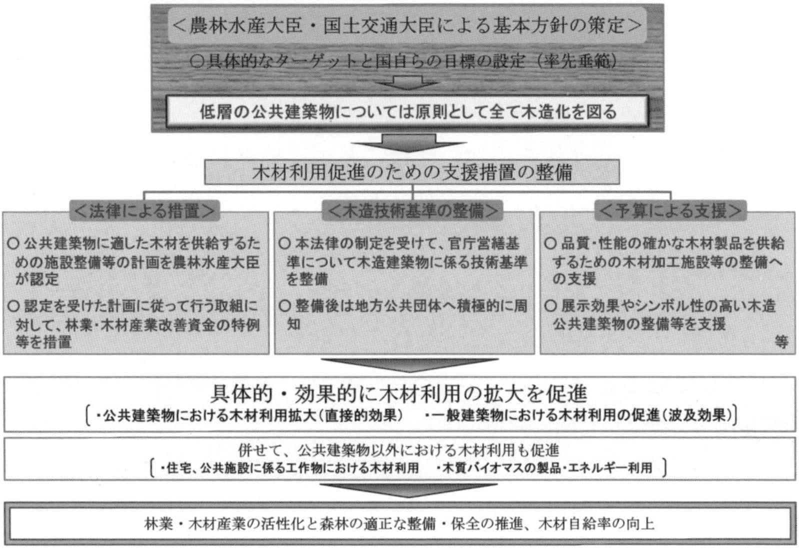

<農林水産大臣・国土交通大臣による基本方針の策定>
○具体的なターゲットと国自らの目標の設定（率先垂範）
低層の公共建築物については原則として全て木造化を図る
木材利用促進のための支援措置の整備
<法律による措置>
○ 公共建築物に適した木材を供給するための施設整備等の計画を農林水産大臣が認定
○ 認定を受けた計画に従って行う取組に対して、林業・木材産業改善資金の特例等を措置
<木造技術基準の整備>
○ 本法律の制定を受けて、官庁営繕基準について木造建築物に係る技術基準を整備
○ 整備後は地方公共団体へ積極的に周知
<予算による支援>
○ 品質・性能の確かな木材製品を供給するための木材加工施設等の整備への支援
○ 展示効果やシンボル性の高い木造公共建築物の整備等を支援
等
具体的・効果的に木材利用の拡大を促進
［・公共建築物における木材利用拡大（直接的効果）　・一般建築物における木材利用の促進（波及効果）］
併せて、公共建築物以外における木材利用も促進
［・住宅、公共施設に係る工作物における木材利用　・木質バイオマスの製品・エネルギー利用］
林業・木材産業の活性化と森林の適正な整備・保全の推進、木材自給率の向上

出典：林野庁資料

図Ⅰ-7　建築物の規模による制限

◎ 大規模の建築物の主要構造部
大規模建築物の防火のための構造制限には面積制限（建築基準法第21条第2項）と高さ制限（建築基準法第21条第1項）があります。高さ13m以下かつ9m以下で延べ面積が3，000㎡以下であれば防火のための構造の制限はありません。
高さ、軒高
階数
4～
耐火建築物
13m、9m超
3
①1時間準耐火の措置等
2
1
①1時間準耐火の措置等
又は
②30分の加熱に耐える措置等
13m、9m以下
木造が可能
延べ面積（㎡）
3,000m²
※ 都市部における防火地域や準防火地域等においては、異なる延べ面積等の基準が適用される。
本法のターゲットである低層とは
→耐火建築物が求められない
建築物の範囲のこと
庁舎・職員宿舎　・・・３階以下
それ以外の建築物・・・２階以下
これら建築物の範囲において
木造化を推進
※　一定の延べ面積以上の官庁施設、２階に居室等がある老人ホーム、保育所などでは２階以下でも耐火建築物が求められる場合もある。

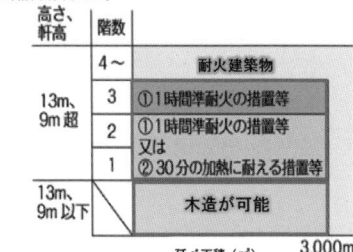

※　木造化ができない場合であっても、すべての公共建築物において内装等の木材利用を推進

【耐火建築物のイメージ】	通常の火災が終了するまで倒壊や延焼を防止する性能を有する建築物
【準耐火建築物のイメージ】	通常の火災による延焼を抑制する性能を有する建築物

出典：林野庁資料

4 | 法律の制定経緯

平成22年

- 3月9日　「公共建築物等における木材の利用の促進に関する法律案」閣議決定・国会提出
- 4月15日　「地球温暖化の防止等に貢献する木材利用の推進に関する法律案」衆議院へ提出
- 4月19日　両法案　衆議院農林水産委員会へ付託
- 4月20日　衆議院農林水産委員会　提案理由説明
- 4月22日　　　〃　　　　質疑
- 4月28日　衆議院農林水産委員会と国土交通委員会との連合審査
与野党で修正協議
- 5月13日　衆議院農林水産委員会
「地球温暖化の防止等に貢献する木材利用の推進に関する法律案」提出者の申し出に基づき撤回許可
「公共建築物等における木材の利用の促進に関する法律案」全会一致で修正議決、同付帯決議
衆議院本会議　全会一致で修正議決　参議院送付
- 5月19日　参議院農林水産委員会　質疑、全会一致で議決
同付帯決議
- 5月26日　「公共建築物等における木材の利用の促進に関する法律案」公布
- 10月1日　「公共建築物等における木材の利用の促進に関する法律案」施行
- 10月4日　基本方針公表

第2部
逐条解説

題名について

第1章 総則

第2章 公共建築物における木材の
　　　利用の促進に関する施策

第3章 公共建築物における木材の利用以外
　　　の木材の利用の促進に関する施策

附　則

題名について
(1) 本法は、木材の適切な供給及び利用の確保を通じた林業の持続的かつ健全な発展を図ることで、森林の適正な整備及び木材の自給率の向上に寄与することを目的としている。これらの目的を達成するため、
　① 国又は地方公共団体が整備する公共の用若しくは公用に供する建築物又は国・地方公共団体以外の者が整備する学校その他の公共建築物に準ずる建築物（以下「公共建築物」という。）の整備に焦点をあて
　② 農林水産大臣及び国土交通大臣が、公共建築物等を整備する場合における木材の利用の促進に関する基本方針を定め、その上で木材需要の拡大に応じた事業者による公共建築物の整備に必要な木材の供給促進のための体制整備を図る
　③ また、国及び地方公共団体は、住宅、公共施設における工作物、木質バイオマスといった公共建築物における木材の利用以外の木材の利用を促進するために必要な措置を講ずるよう努める
　という仕組みとなっている。
(2) つまり本法においては、国又は地方公共団体の機関の庁舎、学校、社会福祉施設等、すなわち「公共建築物」に着目し、その整備に当たって「木材の利用の促進」を図るという直接効果とともに、住宅等の公共建築物以外の木材の利用の促進という波及効果をねらったものである。
(3) このように、本法は、「公共建築物」において「木材の利用を促進する」ための措置を講ずることを通じて、住宅等における木材の利用の促進を図ろうとするものであり、そのことを端的に表すため、題名を「公共建築物等における木材の利用の促進に関する法律」とすることとした。

第1章　総則

> **（目的）**
> 第1条　この法律は、木材の利用を促進することが地球温暖化の防止、循環型社会の形成、森林の有する国土の保全、水源のかん養その他の多面的機能の発揮及び山村その他の地域の経済の活性化に貢献すること等にかんがみ、公共建築物等における木材の利用を促進するため、農林水産大臣及び国土交通大臣が策定する基本方針等について定めるとともに、公共建築物の整備の用に供する木材の適切な供給の確保に関する措置を講ずること等により、木材の適切な供給及び利用の確保を通じた林業の持続的かつ健全な発展を図り、もって森林の適正な整備及び木材の自給率の向上に寄与することを目的とする。

解説

1. 我が国の森林は、国産材の利用が低調であるために林業者が森林施業に必要なコストを確保できないことから、適切な間伐の実施や主伐後の再造林が十分に行われないなど、その適正な整備が行われていない状況にある。

   しかしながら、森林は、
   ① 二酸化炭素を吸収し植物体内に保留し続ける「炭素の貯蔵庫」としての機能（地球温暖化防止機能）
   ② 立木が生長し、根が土壌を緊縛することによる土砂崩壊等を防止する機能（国土保全機能）
   ③ 土壌に水を蓄える機能（水源かん養機能）

④ 野生動植物の生息・生育の場を提供する機能（自然環境の保全機能）
⑤ 森林浴、キャンプ等保険休養の場を提供する機能（公衆の保健機能）
⑥ 伐採しても造林すること等により再生可能な資源である木材を生産する機能（林産物供給機能）

といった国民生活に直結した多面にわたる機能を有している。

また、木材は、多段階での利用を促進することにより、廃棄物の排出の抑制につながるなど、循環型社会を形成していく上で重要な役割を担っている。このため、木材の利用を促進することにより、「植える→育てる→収穫する→植える」という森林と木材利用のサイクルがうまく循環し、林業の生産活動も活発になり、将来にわたって森林の持つ多面にわたる機能が持続的に発揮されることが、循環型社会の形成や山村をはじめとした地域経済の活性化に貢献する上で必要不可欠となっている。

2．こうした点を踏まえ、本法では、木材の利用を拡大させ、適正な森林の整備につなげていくためには、建築物における木材の利用の促進が図られることが有効であることに着目し、その中でも特に木造率が低く潜在的需要が期待できる公共建築物における木材の利用を促進するため、

① 国が公共建築物における木材の利用の促進に関する関係者の基本的な取組の方向性をまとめた基本方針を策定するとともに、

② 公共建築物における木材の利用の拡大に対応して、森林の適正な整備等に配慮しつつ、公共建築物の整備の用に適した木材を適切に供給できる体制を確保するため、木材の供給を行う事業者の能力向上を図るための木造製造高度化計画制度を創設する一方、

③ 公共建築物の整備の用に供する木材の生産に関する試験研究の実施を支援するため、国の試験研究施設の使用の対価の減額に係る支援措置を講ずる、

こととした。

3．すなわち、これらの措置を講ずることにより、
　① 木材の利用が促進されることで、林業者が木材を販売することによる収益を適切に得られるようになり、
　② 木材の販売により得られた収益によって、林業者が森林管理を行うための費用が賄われる、
 こととなり、結果として、林業の持続的かつ健全なサイクルが維持されることとなる。
　さらに、継続的な林業活動を通じて、造林や間伐などの森林施業が適正に行われることで、究極的には森林の適正な整備や国産材の利用拡大による木材自給率の向上に寄与するものと考えられる。

4．目的規定においては、これらのことを簡潔に表し、
「この法律は、
　① 木材の利用を促進することが地球温暖化の防止、循環型社会の形成、森林の有する国土の保全、水源のかん養その他の多面的機能の発揮及び山村その他の地域の経済の活性化に貢献すること等にかんがみ（森林の有する多面的機能の重要性の説明）、
　② 公共建築物の整備の用に供する木材の適切な供給の確保に関する措置を講ずること等により（講ずる措置）、
　③ 木材の適切な供給及び利用の確保を通じた林業の持続的かつ健全な発展を図り（直接目的）、
　④ もって森林の適正な整備及び木材の自給率の向上に寄与することを目的とする（究極目的）。」
と規定した。

第2部　逐条解説

> **コラム5**　木材収益の還元により確保される適切な森林整備
>
> ○森林は、「植える」「育てる」「収穫（伐採）する」の繰り返し（循環）が適切に維持されることにより、長期間にわたってその多面的機能を発揮しています。
>
> ○そのような循環を維持する上では、生産される木材が適切に利用され、その収益が森林整備に還元される必要があります。
>
> ○このため、林業・木材産業の構造改革を通じた生産コストの低減や製品の付加価値向上を図りつつ、様々な用途での木材の需要拡大を図り、木材収益の向上を図ることが重要です。
>
> 植える → 育てる（下刈・間伐等） → 収穫する → 植える
>
> 主伐材の利用（樹皮、端材等も含む） → 販売収入 → 経費支出（苗木の購入費等）
>
> 間伐材の利用（樹皮、端材等も含む） → 販売収入 → 経費支出（間伐作業経費等）
>
> 出典：林野庁資料

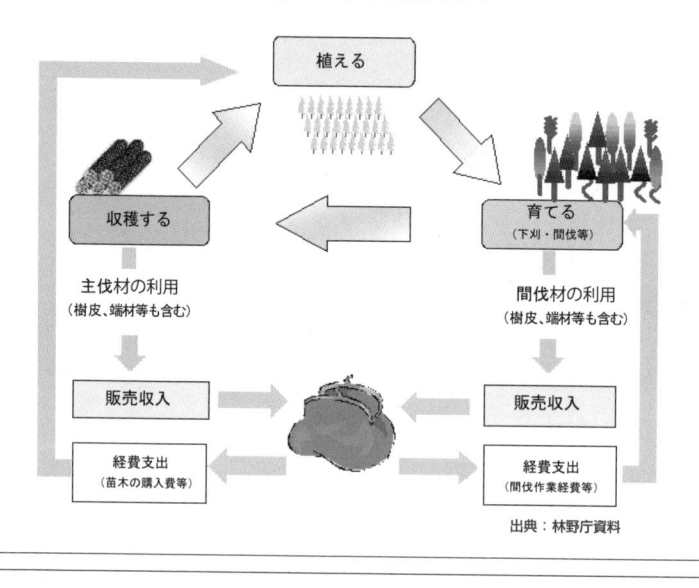

（定義）
第2条　この法律において「公共建築物」とは、次に掲げる建築物（建築基準法（昭和25年法律第201号）第2条第1号に規定する建築物をいう。以下同じ。）をいう。
　一　国又は地方公共団体が整備する公共の用又は公用に供する建築物
　二　国又は地方公共団体以外の者が整備する学校、老人ホームその他の前号に掲げる建築物に準ずる建築物として政令で定めるもの

［施行令］
（国又は地方公共団体以外の者が整備する公共建築物）
第1条　公共建築物等における木材の利用の促進に関する法律（以下「法」という。）第2条第1項第2号の政令で定める建築物は、次に掲げるものとする。
　一　学校
　二　老人ホーム、保育所、福祉ホームその他これらに類する社会福祉施設
　三　病院又は診療所
　四　体育館、水泳場その他これらに類する運動施設
　五　図書館、青年の家その他これらに類する社会教育施設
　六　車両の停車場又は船舶若しくは航空機の発着場を構成する建築物で旅客の乗降又は待合いの用に供するもの
　七　高速道路（高速道路株式会社法（平成16年法律第99号）第2条第2項に規定する高速道路をいう。）の通行者又は利用者の利便に供するための休憩所

解説

I 趣旨

1．本法においては、木材の利用を拡大させ、森林の適正な整備につなげていくためには、建築物における木材の利用の促進が図られることが有効であることに着目し、政策的にこれを実施するものである。

　建築物における木材の利用（建築基準法第2条第5号に規定する主要構造部その他の建築物の部分の建築材料として木材を使用することをいう。）を促進するに当たっては、すべての建築物を施策の対象とする方法も考えられるが、一般に、国民や民間事業者が建築物を整備する場合において、どのような建築資材を利用するかについては、本来的には、その整備主体が、建築資材の調達価格や嗜好に基づいて、自由に選択するものである。

2．他方、国・地方公共団体は、
① 公共の利益に資するために事業・事務を行う公的主体であり、政策的に木材利用を促進する場合には、民間事業者の模範となるようにこれに取り組むべき立場にあり、かつ、
② 森林・林業基本法（昭和39年法律第161号）や森林法（昭和26年法律第249号）において、適切な役割分担のもとで、それぞれ、森林の適正な整備・保全を図るために必要な施策を企画立案し、これを実施する責務を有しており、木材の適切な供給及び利用の確保について取り組むべきことが求められている。

　　　※　森林・林業基本法においては、国及び地方公共団体は、適切な役割分担のもとで、それぞれ、森林及び林業に関する施策を実施する責務を有するものとされている（同法第4条及び第6条）。また、森林法においては、国・都道府県・市町村の各段階において、森林整備に関する計画を義務的に作成し、当該計画に即して森林保全に必要な措置が規定されている（同法第4条、第5条、第10条の5等）。

3．このため、建築物の整備する場合に上記1のような事情がある中で、建築物における木材の利用を促進していくためには、まず、国・地方公共団体が、率先して、自らが整備する建築物における木材利用に取り組むことが必要である。これにより、一般の建築物への木材利用が拡大するという波及効果を期待することができる。

したがって、国・地方公共団体が整備する建築物は、非常に公共性の高いものとして、まずもって木材の利用の促進の対象とすべき建築物であることから、本法の対象とした。

4．これらの建築物のうち、国が整備する建築物については、国が本法の中核的な推進主体であり、建築物における木材の利用について最も重い責務を負っていることから、国が定める基本方針において木材の利用の目標を示し、国の機関は、これに即して木材の利用に取り組むこととした。

また、地方公共団体が整備する建築物については、地方公共団体が国と並ぶ公的主体であり、同様に建築物における木材の利用に取り組むべき責務を負っている一方で、地方公共団体の自主性・自立性を高め、活力ある地域社会の実現が求められている最近の事情を考慮し、地域の実情に応じた自主的な木材利用を促進するために地方公共団体が任意で策定する木材の利用を促進するための方針において示す目標に従い、それぞれの主体的判断に基づいて木材の利用を促進することとした。

5．一方、国・地方公共団体以外の者が整備する建築物にあっても、国等が整備する建築物と同等の公共性が認められ、本法の対象とすべきものが考えられる。

① 独立行政法人、国立大学法人等は、国や地方公共団体とは独立した法人格を有するが、これらの法人は、国民生活及び社会経済の安定等の公共上の見地から確実に実施されることが必要な事務及び事業で

あって、国が自ら主体となって直接に実施する必要のないもののうち、民間の主体に委ねた場合には必ずしも実施されないおそれがあるものを行う法人であると位置づけられている（独立行政法人通則法（平成11年法律第103号）第2条第1項）など、国等の事業・事務を補完する形で、公共性の高い事業を実施するという、公的な役割を有している。このため、これらの法人についても、建築物における木材の利用の促進に関して、公的な主体に準ずるものとして位置づけることが適当である。

　また、これらの法人が整備する建築物のうち、大学（国立大学法人が整備）、病院（独立行政法人が整備）、博物館（独立行政法人が整備）のように、以前は国が整備しており、行政改革に伴う一連の民営化により、独立行政法人等に移管されたもの等は、国等が整備するものと共通する機能を有しており、高い公共性を有しているものと評価できる。

　したがって、このような建築物については、国等が整備する建築物に準ずるものとしての位置づけを付与し、本法において、木材の利用の促進に向けて、相応の努力を求めることが適当である。

② 　また、①以外では、民間事業者の中には、例えば、私学教育、老人ホームや病院の経営のように、国・地方公共団体が行う事務・事業と同内容・同性質の事業を行っている事業者も存在する。これらの者の行う事業は、広く国民一般を対象として、教育や医療などの国民の福祉の向上に資する公共性の高いものであり、当該事業の内容の社会への貢献に着目して、相当の公的支援がなされているものも多い。このような事業者については、国・地方公共団体のような公的主体に準じる者として取り扱うことが適当である。

　このような事業者が整備する建築物のうち、私立の学校、民間の病院等は、国公立の学校・病院と同等の機能・役割を有することから、国・地方公共団体が整備する建築物と同等の高い公共性を有している

ものと認められる。
　　以上のような事情から、これらの建築物については、その整備主体の位置づけ及び建築物としての機能・役割にかんがみ、本法において、国・地方公共団体の整備する建築物に準ずるものと位置づけることが適当である。
③　上記①及び②の者の整備する建築物については、国と同等の取組を求めることは適当ではないが、その用途・性質において相当程度の公共性が認められるものについては、国等が整備する建築物に準じて取り扱い、木材の利用の促進について相応の協力を求めることが適当である。
　　このため、これらの建築物については、その整備に当たり、木材の利用の促進に取り組むよう努めなければならないこととした。

Ⅱ　内容
1. Ⅰのような考え方に照らし、本法における木材の利用の促進の対象となる建築物について、以下のとおり整理することとした。
　①　国又は地方公共団体が整備する建築物
　　（ア）公共の用に供する建築物
　　　　国又は地方公共団体が整備する学校、病院、博物館のような建築物については、その建築主体が公的主体であり、また、直接一般公衆の共同使用にすること、すなわち「公共の用」に供することを目的として整備されるものであることから、国等が率先して木材の利用の促進の対象とすることが適当である。
　　　　このため、このような建築物を本法の対象とし、「公共の用に供する建築物」と規定した。
　　（イ）公用に供する建築物
　　　　国又は地方公共団体が整備する建築物の中には、（ア）の建築物のほか、庁舎・職員住宅のように、国又は地方公共団体の事務・事

業又は職員の住居の用、すなわち「公用」に供する建築物が含まれている。

　このような建築物については、（ア）の建築物のように、直接に一般公衆の共同使用にすることを目的としているわけではないが、整備するのが国又は地方公共団体という公的主体であることから、これらについても、本法において木材利用の促進の対象となる建築物に含めた。

② 国又は地方公共団体以外の者が整備する、公共の用に供する建築物であって、①に準ずるもの

　本法は、国・地方公共団体が、自ら整備する建築物を中心に、率先して木材の利用を図り、波及効果により一般の建築物における木材の利用が拡大することを主眼としているが、一方で、国等以外の者が整備する建築物においても、例えば、私立の学校、国立大学法人が設置する大学、民間の老人ホーム、病院等、独立行政法人が整備する博物館のように、

ア　その整備主体が当該建築物を活用して実施する事業が、国民の文化・福祉の向上に資するなど公共性の高いものであり、当該事業の内容の社会への貢献に着目して、相当の公的支援がなされているなど、国等に準じて公的な位置づけを有する主体が整備するものであり、かつ、

イ　国等が整備する建築物と同等の機能・役割を有することから、これらの建築物と同等の高い公共性を有しているものと認められるもの

については、本法において、その整備主体に対して、①に準じて、木材の利用の促進に向けた努力を求めることが適当であることから、木材の利用を促進する建築物に含めた。

2．以上を踏まえ、上記1①の建築物については、「国又は地方公共団体

が整備する公共の用又は公用に供する建築物」とするとともに、上記1②の建築物については、1①の建築物に準じて木材の利用を促進することが適当であることから、「国又は地方公共団体以外の者が整備する学校、老人ホームその他の公共建築物に準ずる建築物として政令で定めるもの」という内容で規定し、1①の建築物と併せて、「公共建築物」と規定した。

（定義）
第2条
2　この法律において「木材の利用」とは、建築基準法第2条第5号に規定する主要構造部その他の建築物の部分の建築材料、工作物の資材、製品の原材料及びエネルギー源として国内で生産された木材その他の木材を使用すること（これらの木材を使用した木製品を使用することを含む。）をいう。

解説

1．本法は、公共建築物等における木材の利用を促進することにより、木材の利用の確保を通じた林業の持続的かつ健全な発展を図ることで、森林の適正な整備及び木材の自給率の向上に寄与することを目的としている。
　したがって、本法においては、幅広い木材の需要の拡大に資するという観点から、「木材の利用」の概念を広く制度の対象とすることとした。

2．具体的には、本法における「木材の利用」について、以下のとおり整理した。
① まず、建築物のうち、
　ア　柱・はり・壁など建築物を構成する主要な部分（主要構造部）
　イ　天井・床・内壁など人が居住する空間に面した部分（内装部分）
をはじめとした建築物を構成する部分すべて（「主要構造部その他の建築物の部分」）において、木材を使用する場合。
② また、木材の使用の態様としては、個々の建築物の部分ごとに、その全部を木材とする場合に限らず、部分的に木材を使用する場合（例：コンクリート製の壁の表面を木材で覆う場合）も含めて広く対象とする観点から、建築物のあらゆる材料を総称する「建築材料」という用語を用いて、建築物の部分の建築材料として木材を使用する場合。

③　さらに、建築物以外であって、ガードレール、道路の遮音壁、公園の柵等の工作物や、紙、パルプ等の製品の原材料、さらにはエネルギー源としての木材の利用を促進することの重要性を踏まえ、これらについて木材を利用する場合。

　以上を踏まえ、「木材の利用」とは、「建築基準法第2条第5号に規定する主要構造部その他の建築物の部分の建築材料、工作物の資材、製品の原材料及びエネルギー源として木材を使用すること」と定義した。

3．また、本法における「木材の利用」については、国内で生産された木材のみをその対象とし、外国で生産され我が国に輸入される木材を排除するものではないが、十分にその機能を発揮しえない不健全な森林の増加など、我が国における森林をめぐる状況にかんがみ、特に国内で生産された木材の利用を促進することにより、法目的である我が国林業の健全かつ持続的な発展及び我が国における森林の適正な整備を図ることが不可欠となっている。
　このため、本法における特に利用の促進を図るべき「木材」の例示として、「国内で生産された木材」と規定しているが、国内で生産された木材の利用のみを優遇したり、外国で生産された木材の利用を排除する条項はない。

4．なお、例示された「国内で生産された木材」以外の「その他の木材」としては、
　・外国で生産され、我が国に輸入される木材
　・再生利用木材（梱包材・建築用材などに使用された木材を再生利用するもので、国産材であるか外国産材であるかが不明であるもの）
　などがある。

5．さらに、本法においては、家具や事務机などに木製のものを用いることも「木材の利用」に含めることとし、「木材の利用」を「建築基準法第2条第5号に規定する主要構造部その他の建築物の部分の建築材料、工作物の資材、製品の原材料及びエネルギー源として国内で生産された木材その他の木材を使用すること（これらの木材を使用した木製品を使用することを含む。）をいう」と定義することとした。

（定義）
第2条
3　この法律において「木材製造の高度化」とは、木材の製造を業として行う者が、公共建築物の整備の用に供する木材の製造のために必要な施設の整備、高度な知識又は技術を有する人材の確保その他の措置を行うことにより、公共建築物の整備の用に供する木材の供給能力の向上を図ることをいう。

解説

1．本法は、公共建築物における木材の利用の拡大に対応して、森林の適正な整備等に配慮しつつ、公共建築物の整備の用に適した木材を適切に供給する体制を整備することを目的の一つとしている。

　公共建築物の整備に当たっては、長大・大口径といった特殊性を有する木材を安定的に供給するための専用の加工用機械等の機械の整備や、高度な知識や技術を有する人材を確保するなどにより、木材製造業者自らの木材の製造能力の向上を図る必要がある。

　このため、本法では、木材製造業者が公共建築物の整備のために必要な木材の供給能力の向上を図るため、木造製造高度化計画を策定し、農林水産大臣の認定を受けた場合に国が金融上の支援措置を実施することとした。

　これらを踏まえ、本項では「木材製造の高度化」の定義として、「公共建築物の整備の用に供する木材を製造するための機械、施設を導入し、そのために必要な人材の確保することにより、木材の製造の能力を向上させる」旨規定した。

（国の責務）

第3条　国は、木材の利用の促進に関する施策を総合的に策定し、及び実施するとともに、地方公共団体が実施する木材の利用の促進に関する施策を推進するために必要な助言その他の措置を講ずるよう努めなければならない。

2　国は、一般の利用に供されるものであることその他の前条第1項第1号に掲げる建築物の性質にかんがみ、木材に対する需要の増進に資するため、自ら率先してその整備する公共建築物における木材の利用に努めなければならない。

3　国は、木材に対する需要の増進を図るため、木材の利用の促進に係る取組を支援するために必要な財政上及び金融上の措置を講ずるよう努めなければならない。

4　国は、木材の利用の促進に当たっては、公共建築物の整備等の用に供する木材が適切に供給されることが重要であることにかんがみ、木材製造の高度化の促進その他の公共建築物の整備等の用に供する木材の適切な供給の確保のために必要な措置を講ずるよう努めなければならない。

5　国は、建築物における建築材料としての木材の利用を促進するため、木造の建築物に係る建築基準法等の規制の在り方について、木材の耐火性等に関する研究の成果、建築の専門家等の専門的な知見に基づく意見、諸外国における規制の状況等を踏まえて検討を加え、その結果に基づき、規制の撤廃又は緩和のために必要な法制上の措置その他の措置を講ずるものとする。

6　国は、木材の利用の促進に関する研究、技術の開発及び普及、人材の育成その他の木材の利用の促進を図るために必要な措置を講ずるよう努めなければならない。

7　国は、教育活動、広報活動等を通じて、木材の利用の促進に関す

る国民の理解を深めるとともに、その実施に関する国民の協力を求めるよう努めなければならない。

解説

1．本法においては、公共建築物等における木材の利用の促進を図っていくため、
   ① 国が率先して、公共建築物等における木材の利用に取り組み、
   ② 都道府県、市町村が、国と並ぶ公的主体として、地域の実情に対応した木材利用を促進し、
   ③ 国・都道府県・市町村以外の者であって、公共建築物を整備するものについては、国等に準ずるものとして、木材の利用に向けて相応の努力をする、
   という、それぞれの役割を担っている。

   このような趣旨を関係者に認知させ、それぞれの立場からの取組を促すためには、上記のことを踏まえて求められる取組を明確に規定する必要があるため、各関係者について、求められる責務を各々規定することとした。

2．国については、基本方針を策定して、公共建築物における木材の利用の方向性等を示し、木材製造高度化計画制度等の実施主体となるほか、
   ア．木材の利用の促進に必要な財政上及び金融上の措置
   イ．公共建築物の整備等の用に供する適切な供給の確保
   ウ．木造の建築物に係る建築基準法等の規制
   エ．木材の利用の促進に関する研究、技術開発及び普及の推進、人材の育成
   オ．公共建築物の木材利用に関する情報（具体的事例・建築コスト・木材の調達方法など）の収集・分析・提供
   など、総合的な施策を企画立案し、かつ、これを実施していく必要がある。

3．このため、まず、「国は木材の利用の促進に関する施策を総合的に策定し、及び実施するとともに、地方公共団体が実施する木材の利用の促進に関する施策を推進するために必要な助言その他の措置を講ずる」旨の努力規程を規定することとした。

　加えて、国自らが整備する公共建築物における積極的な木材の利用を率先して行うことにより、公共建築物の一般の利用者が木材を使用した建築物の良さに触れる機会を増やすことを通じて、公共建築物以外の建築物における木材の利用を促進するという波及効果も期待され、ひいては木材全体の需要の増進につながることから、「国自らが整備する公共建築物において、率先して木材の利用に努める責務を有すること」についても規定することとした。

4．なお、第3条第2項において、「一般の利用に供されるものであることその他の公共建築物の性質にかんがみ」と規定しているが、「その他の性質」の内容としては、
　・　多くの者の効率的な利用の便に供するため、大型の構造になることが多く、まとまった量の建築資材を用いるものであること
　・　行政庁が整備する建築物であり、どのような構造・内装にするか等についても、行政庁の政策的な意思（例：木材を積極的に利用）を反映しやすいものであること
　・　区役所、学校、病院などの地域におけるシンボル性が高い公共建築物によって採用された建築様式（デザイン、使用する建築資材等）が、その利用者自身が住宅等の建築物を建築する際に参考とする模範となることが想定されるものであること
等が考えられる。

5．このように、まず、国又は地方公共団体による総合的な施策の推進という全体としての方向性を示す規定を先頭に規定し、また、その次に自

らの実施についての規定を定めた上で、上記2アからオまでを各々項立てして規定することとした。

これらのうち、木造の建築物に係る建築基準法等の規制については、平成12年の建築基準法（昭和25年法律第201号）の改正により、一定の性能を満たせば建築が可能となる、いわゆる性能規定化が進み、特に高い耐火性能が求められる耐火建築物においても、国土交通大臣の認定を受けた構造方式を採用するなどにより木造化することが可能となるなど、木造建築の可能性が大きく広がっている。

しかしながら、中高層の建築物や面積規模の大きい建築物においては、求められる強度、耐火性等の性能を満たすために極めて断面積の大きな木材を使用する必要があるなど、現状では、構造計画やコストの面で木造化が困難な場合もあり、特に構造計画の面では、更なる技術的な知見の蓄積が必要な状況にある。

このような状況を踏まえ、本法では、「木造の建築物に係る建築基準法等の規制の在り方について、木材の耐火性等に関する研究の成果、建築の専門家等の専門的な知見に基づく意見、諸外国における規制の状況等を踏まえて検討を加え、その結果に基づき、規制の撤廃又は緩和のために必要な法制上の措置その他の措置を講ずる」旨規定することとした。

6．また、木材の利用の促進に関する研究、技術開発及び普及の推進、人材の育成については、
① 「研究、技術開発及び普及の推進」の具体的な内容として、
　ア．建築物に利用される木材の耐火・耐震面での性能の向上を図るための研究、技術開発
　イ．大規模・高層建築物の建築のための新たな木造工法の強度等の試験
　ウ．省エネ性に着目した木製外断熱等の部材の開発
　エ．地域材を利用した耐久性等の高い大断面集成材等の製品の開発
　等が考えられる。

② 「人材の育成」の具体的な内容として、
　ア．公共建築物用の長大・大口径等特殊な木材を取り扱うための相応な建築技術を有する設計者等の育成
　イ．地域材利用に取り組もうとする建築士、大工・工務店等の建築の担い手に対する技能講習等の開催
　ウ．木材の調達先、価格などの情報及び積算、見積りの方法などを熟知した人材を養成するため、設計、施工業関係者への研修会の開催
　等が考えられる。

7．さらに、国については、公共建築物等における木材の利用を促進するためには、国民の理解（木材の耐火性能、耐震性能、コスト等が他の建築資材に比べて不利なものではないこと等についての理解）を深めることにより、建築物における木材の利用の拡大を図っていくとともに、広報等を通じた、適切な木材の利用の意義（森林の適正な整備への貢献）等についての普及啓発等の努力をすることも求められる。

　このような事情から、「教育活動、広報活動等を通じて、木材の利用の促進に関する国民の理解を深めるとともに、その実施に関する国民の協力を求めるよう努めなければならない」旨も規定した。

　なお、国が取り組む「教育活動、広報活動等」の具体的な内容としては、

① 教育活動として、
　ア．学校教育や家庭教育、社会教育（生涯学習）の場で使用する教材の作成
　イ．学校や地域等で行われる学習活動への講師派遣
　ウ．教育活動を行うNPO等への助成
② 広報活動として、
　ア．各種媒体（マスコミ、インターネット等）を通じた普及啓発
　イ．イベント、会議、政策説明の場等における紹介

③　その他として、
　ア．公共建築物等における木材利用に関する相談・情報窓口の設置
　イ．木材の利用による環境負荷の低減の効果を定量的に評価するための仕組みづくり
等が考えられる。

第2部　逐条解説

> **（地方公共団体の責務）**
> 第4条　地方公共団体は、その区域の経済的社会的諸条件に応じ、国の施策に準じて木材の利用の促進に関する施策を策定し、及び実施するよう努めるとともに、その整備する公共建築物における木材の利用に努めなければならない。

解説

1．地方公共団体は、国の施策を踏まえつつ、それぞれの地域の実情に応じて、公共建築物における木材の利用を促進する観点から、
　① 公共建築物における木材の利用に関する情報を公共建築物の整備に携わる者や地域住民への提供
　② 公共建築物の整備に携わる関係者や地域住民を対象とした、木材の利用の意義についての普及啓発
　③ 建築物における木材の利用に関する技術の普及
など、国が行う取組の成果を地域レベルで実践しうる形で企画・立案し、これを実施していくことが求められる。

2．また、公的主体である地方公共団体自らが整備する公共建築物における積極的な木材の利用を率先して行うことにより、公共建築物の一般の利用者が木材を使用した建築物の良さに触れる機会を増やすことを通じて、公共建築物以外の建築物における木材の利用を促進するという波及効果も期待され、ひいては木材全体の需要の増進につながる。

3．このような観点から、地方公共団体は、「その区域の経済的社会的諸条件に応じ、国の施策に準じて公共建築物等における木材の利用の促進に関する施策を策定し、実施するよう努めるとともに、その整備する公共建築物における木材の利用に努めなければならない」旨を規定した。

(事業者の努力)
第5条　事業者は、その事業活動等に関し、木材の利用の促進に自ら努めるとともに、国又は地方公共団体が実施する木材の利用の促進に関する施策に協力するよう努めるものとする。

(国民の努力)
第6条　国民は、木材の利用の促進に自ら努めるとともに、国又は地方公共団体が実施する木材の利用の促進に関する施策に協力するよう努めるものとする。

解説

1．本規定は、事業者や国民における木材の利用の促進に関する努力義務について規定したものである。事業者にあっては、その事業活動等に関して、建築物をはじめ、工作物、製品及びエネルギーとしての木材の利用の促進に自ら努めることが重要である。

　特に、国、地方公共団体以外の者であって、学校、老人ホーム等の公共建築物を整備する者については、公共建築物における木材の利用の意義等についての理解を深めるとともに、国、地方公共団体に準じて木材の利用の促進に取り組み、さらに、国や地方公共団体が実施する木材の利用の促進に関する政策について、相応の協力を求めることが適当である。

　また、林業従事者、木材製造業者など木材の生産・流通・加工に携わる者にあっては、木材の利用の促進に自ら努めることはもとより、森林の管理活動の過程で産出される木材が市場を通じて利用され、その収益が再び森林の管理に必要な経費に投入され、適切な森林の整備が図られるというサイクルの維持が確保されるよう、公共建築物を整備する者との適切な役割分担と相互の連携の下、国や地方公共団体の施策に協力するとともに、適切に木材を供給することが求められる。

2．なお、林業従事者、木材製造業者など木材の生産・流通・加工に携わる者の主な責務として考えられるものは以下のとおりである。

（林業従事者、森林所有者）
- 森林法に基づく森林施業計画の作成とその遵守、他の林業従事者との施業の集約化・共同化、林内路網の整備や機械化等を通じ、森林の適正な整備の確保を図りつつ、木材の計画的、効率的な伐採、供給に努めること

（木材製造業者）
- 公共建築物等に適した「長大・大口径・高品質」かつ「森林の適正な整備に寄与する」など必要な仕様を満たす木材を納期内に確実に供給すること
- 設備投資、技術開発、人材育成その他公共建築物等の整備に必要な木材の供給体制の整備に努めること
- 林業従事者、木材流通業者とともに、市場における木材需給や在庫状況等について、透明性を確保しつつ情報の共有に努めること
- 木材製造業者は、森林所有者及び林業従事者との間で、木材の安定的な調達・供給に係る協定の締結等を通じ、木材の安定的な供給に努めること

（木材流通業者）
- 林業従事者、木材製造業者とともに、市場における木材需給や在庫状況等について、透明性を確保しつつ情報の共有に努めること

第2章 公共建築物における木材の利用の促進に関する施策

（基本方針）
第7条 農林水産大臣及び国土交通大臣は、公共建築物における木材の利用の促進に関する基本方針（以下「基本方針」という。）を定めなければならない。
2　基本方針においては、次に掲げる事項を定めるものとする。
　一　公共建築物における木材の利用の促進の意義及び基本的方向
　二　公共建築物における木材の利用の促進のための施策に関する基本的事項
　三　国が整備する公共建築物における木材の利用の目標
　四　基本方針に基づき各省各庁の長（財政法（昭和22年法律第34号）第20条第2項に規定する各省各庁の長をいう。以下この条において同じ。）が定める公共建築物における木材の利用の促進のための計画に関する基本的事項
　五　公共建築物の整備の用に供する木材の適切な供給の確保に関する基本的事項
　六　その他公共建築物における木材の利用の促進に関する重要事項
3　基本方針は、公共建築物における木材の利用の状況、建築物における木材の利用に関する技術水準その他の事情を勘案して定めるものとする。
4　農林水産大臣及び国土交通大臣は、経済事情の変動その他情勢の推移により必要が生じたときは、基本方針を変更するものとする。
5　農林水産大臣及び国土交通大臣は、基本方針を定め、又はこれを変更しようとするときは、あらかじめ、各省各庁の長に協議しなけ

ればならない。
6 農林水産大臣及び国土交通大臣は、基本方針を定め、又はこれを変更したときは、遅滞なく、これを公表するとともに、各省各庁の長及び都道府県知事に通知しなければならない。
7 農林水産大臣及び国土交通大臣は、毎年1回、基本方針に基づく措置の実施の状況を公表しなければならない。

解説

1．森林の適正な整備を図るためには、国産材の適切な利用を促進することが重要であり、建築物における木材需要を拡大することが効果的である。このため、建築物のうち特に公共建築物に着目して、国として公共建築物への木材の利用の促進に向けた基本的な方向性を示すことに加え、国自らが木材の利用に向けた積極的な姿勢を示すことで、国民に対して更なる木材の利用の促進を呼びかけることが必要である。

したがって、本法においては、公共建築物における木材の利用の促進に関する意義及び基本的な方向等を示すため、農林水産大臣及び国土交通大臣が、公共建築物における木材の利用の促進に関する基本方針を定める旨規定した。（第7条第1項）

なお、本法における基本方針を策定する者として、農林水産大臣及び国土交通大臣を規定しているのは、

① 木材の生産、流通、消費の増進に関する事務を所管し、木材の利用の促進に関する施策を立案・遂行する任に当たる農林水産大臣が適当であること、

② また、「官公庁施設の建設等に関する法律（昭和26年法律第181号）」の規定に基づき、国の機関の建築物の営繕（建築、修繕等）に関して各省各庁の長に対し意見や勧告を行うことが認められており、かつ、国の機関の建築物等の位置、規模、構造等についての基準を定める権限を有している国土交通大臣については、技術的観点から、公共建築

物における木材の利用についてどのような目標の設定が可能であるか等についての専門的判断を下すことが期待されることから、国土交通大臣も基本方針策定の担当大臣とすることが適当であること、
によるものである。

2．基本方針においては、次の事項を定める旨規定した。(第2項関係)
（1）公共建築物における木材の利用の促進の意義及び基本的方向
・公共建築物における木材の利用の促進の意義・効果（森林の適正な整備及び保全、地球温暖化対策への貢献等）
・公共建築物における木材利用の促進のための基本的方向（現状認識、対応方向、関係者（国、地方公共団体、民間建築主、施工者、木材供給者、国民等）の役割分担）
を規定し、公共建築物における木材利用の促進に当たって、関係者全体が持つべき基本的な共通認識を定める。
（2）公共建築物における木材の利用の促進のための施策に関する基本的事項
・木材の利用を促進すべき公共建築物の種類（広く国民一般が日常的に利用し、木材の利用を促進した場合の政策効果が特に期待できる建築物124頁参照）
・積極的に木造化を促進する公共建築物の範囲（低層建築物）
・木造化の促進が困難な公共建築物の種類（災害時の活動拠点室等を有する災害応急対策活動に必要な施設、刑務所等の収容施設等）
など、公共建築物における木材の利用を促進するための基本的な事項について定める。
（3）国が整備する公共建築物における木材の利用の目標
公共建築物における木材の利用の促進の意義並びに国が有する森林及び林業に関する施策を総合的に策定し実施する責務（森林・林業基本法（昭和39年法律第161号）第4条）を踏まえ、国が整備するすべ

ての公共建築物において率先して木材利用に取り組むことを定める。
特に、
① 低層の公共建築物については、原則的としてすべて木造化（年度ごとに、新築、増築、又は改築される公共建築物の100%を木造化）すること
② 高層、低層にかかわらず、庁舎等のうち国民の目に触れる機会の多いエントランスホールや情報公開窓口、広報・消費者対応窓口、記者会見場、大臣その他の幹部職員の執務室などを中心に内装の木質化を積極的に推進すること
③ 使用する木材について国等による環境物品等の調達の推進等に関する法律（平成12年法律第100号。以下「グリーン購入法」という。）に基づく特定調達品目の割合を100%とすること
など、国自らが整備する公共建築物における木材利用の目標を定める。

> ※ 目標の達成状況については、公共建築物の整備を行う各省庁が、毎年度、
> ① 新築、増築又は改築を行った低層の公共建築物の総数並びにそのうち木造により整備されたものの数及び割合
> ② 内装の木質化の状況
> ③ 使用木材のうちグリーン購入法に基づく特定調達品目の割合
> を把握・集計し公表することを想定。
> また、農林水産大臣及び国土交通大臣は、各省庁の集計結果に基づき国全体としての目標の達成状況を把握するとともに、必要に応じ、各省庁に対し、国が整備する公共建築物における木材の利用の促進のために必要な助言、必要な施策の企画立案、基本方針の見直し等を行う。

（4）各省各庁の長が定める公共建築物における木材の利用の促進のための計画に関する基本的事項
・所管に属する公共建築物における木材の利用の方針
所管に属する公共建築物に求められる機能、各省各庁が所掌する事務又は事業の性質等を勘案し、当該公共建築物の木造化及び内装等の木質化、当該公共建築物における木材を原材料として使用した

備品及び消耗品の利用並びに木質バイオマスの利用の方針を定める。
- 所管に属する公共建築物における木材の利用の目標
　　国が整備する公共建築物における木材の利用の目標及び所管に属する公共建築物における木材の利用の方針を踏まえ、木造化を図る公共建築物の範囲や重点的に内装等の木質化を促進する公共建築物の部分、利用の促進を図る木製の備品等の種類を明確にするなどにより、可能な限り具体的に記載する。
- その他、各省各庁の取組の推進体制等について定める。

(5) 公共建築物の整備の用に供する木材の適切な供給の確保に関する基本的事項
- 木材の供給に携わる者の責務
　　林業従事者、木材製造業者等が連携して、施業の集約化、路網の整備等による林業の生産性の向上、公共建築物の整備に適した木材の円滑な供給の確保、合法性等が証明された木材の供給体制の整備等に取り組む等
- 木材製造の高度化に関する計画に関する事項
　　木材製造高度化計画に定める事項として、木材製造の高度化の目標及び内容、木材製造の高度化の実施期間（5年以内）、木材製造の高度化を実施するために必要な資金の額及びその調達方法等
- 公共建築物の整備の用に供する木材の生産に関する技術の開発等に関する事項
　　木材製造業者等は、強度や耐火性に優れる等の品質・性能の高い木質部材の生産・供給や木材を利用した建築工法等に関する研究及び技術の開発に積極的に取り組む等

(6) その他公共建築物における木材の利用の促進に関する重要事項
- 地方公共団体が当該基本方針に即して方針を作成する場合の留意事項
- 公共建築物の整備等におけるコスト面での考慮事項

・公共建築物における木材の利用の促進のための体制整備

など、公共建築物における木材の利用の促進を実施するために必要な事項について定める。

3．これらのほか、基本方針を定めるに当たっては、例えば、「現行の公共建築物等における木材の利用状況に沿った方向での推進方策となっている」、「耐火性能を求める建築物を木材利用の重点対象としない」、「木材の利用拡大に対応して木材を安定的に供給する見込みがある」など、その実効性が担保された内容として策定することが必要である。このことを確認するため、「基本方針は、公共建築物における木材の利用の状況、建築物における木材の利用に関する技術水準その他の事情を勘案して定める。」旨規定した。（第7条第3項関係）

　　　※　本条項で規定する「勘案すべき事情」としては、
　　　①　公共建築物における木材利用の状況
　　　　　公共建築物における木材の利用状況のうち、建築物の類型別・部分別、建築主体別の木材の利用状況を勘案し、基本方針において、特に木材利用を促進すべき建築物を記載する際の参考とする。
　　　②　建築物における木材の利用に関する技術水準
　　　　　本法における木材利用の重点化の対象とする建築物が、技術的に木材利用が可能な範囲内で設定されているかなどを確認する。
　　　③　中長期的な木材需給の展望
　　　　　本法の施行に伴う木材利用の拡大に対応し、中長期的に木材を供給できる見込みがあるか等を踏まえて木材利用の目標を設定する。
　　　　等が考えられる。

4．また、例えば、「木材需要の拡大に伴い木材価格が著しく高騰し、木材利用の目標が達成困難となる場合」など、諸情勢の推移に応じて基本方針が適切に変更される必要があることから、このことを確認するため、「農林水産大臣及び国土交通大臣は、経済事情の変動その他情勢の推移により必要が生じたときは、基本方針を変更するものとする。」旨規定

した。(第7条第4項関係)

 ※ 本条項で規定する「情勢の推移」として、
 ① 経済事情の変動
  木材価格が高騰又は暴落する場合は、それに併せて利用目標の引下げ又は引上げ等の所要の見直しを行う。
 ② 建築物における木材利用に関する技術の進展
  高層建築物(耐火建築物)でも木造化の推進が可能となる場合は、更なる利用目標の引上げ等を行う。
 ③ 公共建築物等における木材利用の進展
  木材利用が進展した場合は、更なる利用目標の引上げ等を行い、進展しない場合は、問題点等を精査し、その克服に向けた道筋を示す。
 ④ 公共建築物等における木材の利用に対する国民の理解の深化
  多少のコスト高であっても社会的に容認されるような場合は、更なる利用目標の引上げ等を行う。
 ⑤ 木材の需給状況の変化
  国際的な森林の減少・劣化により輸入材の供給がひっ迫する一方で、国産材に対する需要が大幅に拡大し、公共建築物等以外の用途との間で木材の利用について調整が必要となる場合は、利用目標の見直し等を行う。
 等が考えられる。

5．基本方針においては、国が整備する公共建築物における木材の利用の目標について記載することとしているが、その対象となる国の庁舎・職員住宅等については、現在、各府省及び最高裁判所が、その整備・管理を担当している。

 このため、基本方針を定めるに当たっては、これらのすべての機関の長と事前に調整し、あらかじめ、各機関において担当している公共建築物の整備に際しての木材の利用について了解を得ておくことが必要である。

 この場合、協議の対象を「関係行政機関の長」と規定した場合、行政機関の長に分類されない最高裁判所長官が含まれないこととなるが、裁判所自らが整備する庁舎(地方の簡易裁判所等)を本法における公共建

築物に含め、木造化の促進対象に整理することが適当であることから、関係行政機関の長に加えて、最高裁判所長官をも含んだ概念である、財政法（昭和22年法律第34号）第20条第2項に規定する「各省各庁の長」を引用することとした。

　以上から、農林水産大臣及び国土交通大臣は、あらかじめ、各省各庁の長と協議した上で、基本方針を定める旨規定した。（第7条第5項関係）

6．また、本基本方針は、公共建築物等における木材の利用の促進についての国の姿勢や考え方を示すものであり、国民に対してその内容を広く知ってもらう必要があることから、農林水産大臣及び国土交通大臣は、基本方針を定めたときは、遅滞なく、これを公表しなければならないこととするとともに、基本方針において、公共建築物等の整備主体となる各省各庁の長、都道府県知事に対して、木材の利用の促進に関連した一定の取組を推奨するものであるため、事前の十分な理解を図る観点から、基本方針を定めたときは、これらの関係者にその内容を通知しなければならないこととする。（第7条第6項関係）

　同様に、公表された基本方針に基づき、国は公共建築物における木材利用をどのように進めているのか、定期的に国民に対してその内容を広く知ってもらう必要があることから、農林水産大臣及び国土交通大臣は、毎年1回、基本方針に基づく措置の実施の状況を公表しなければならない旨規定した。（第7条第7項）

公共建築物における木材の利用の促進に関する基本方針のポイント

出典：林野庁資料

○ 公共建築物における木材利用の促進の意義

現状	木造率（7.5％）が低く、潜在的需要拡大が期待
意義	－ 木の良さを実感する機会を幅広く提供可 － 公共建築物での木材利用の取組状況等の情報発信により、木材の特性・利用の意義について国民の理解を醸成
効果	公共建築物の木材利用の拡大という直接効果に加え、住宅等の建築物、工作物、木製品、エネルギー利用の拡大という波及効果を期待

基本的方向

非木造化を指向してきた過去の考え方を抜本的に転換

公共建築物については可能な限り木造化、又は内装等の木質化を図る

○ 木材の利用を促進すべき公共建築物

国又は地方公共団体が整備するすべての建築物

民間事業者等が整備する施設

- 学校
- 老人ホーム、保育所、福祉ホームなどの社会福祉施設
- 病院又は診療所
- 体育館、水泳場などの運動施設
- 図書館、青年の家などの社会教育施設
- 鉄道の駅など公共交通機関の旅客施設
- 高速道路サービスエリア等の休憩所

第2部　逐条解説

◯ 積極的に木造化を促進する公共建築物

低層の建築物
－建築基準法等において、耐火建築物とすること等が求められないもの

> 留意事項　木造と非木造の混構造の採用も積極的に検討

> 対象外　災害応急対策活動に必要な施設等

※1　3階建ての木造の学校、延べ面積3,000m²を超える建築物に係る規制の見直しに係る公共建築物についても、積極的に木造化を促進

※2　建築基準法等において耐火建築物とすること等が求められる公共建築物であっても、技術開発の推進やコスト面の課題の解決状況等を踏まえ、木造化に努める

◯ 国の目標

> 木造化　－　積極的に木造化を促進する公共建築物の範囲に該当する低層の公共建築物は原則としてすべて木造化を図る

> 木質化　－　高層・低層に関わらず、直接又は報道機関等を通じて間接的に国民の目に触れる機会が多いと考えられる部分を中心に、内装等の木質化を促進

> 備品等　－　机等の備品、コピー用紙等の消耗品の利用を促進

> バイオマス　－　公共建築物に暖房器具やボイラーを設置する場合、木質バイオマス燃料の導入に努める

> 調達木材　－　グリーン購入法基本方針に基づき、原則としてすべて間伐材又は合法木材を調達

○ コスト面での考慮事項

次の3点を総合的に判断しつつ、木材利用を推進

① 部材の点検・補修・交換が容易な構造とする等の設計上の工夫により、維持管理コストの低減を図る

② 建設コストのみならず維持管理、解体・廃棄等のコストを含むライフサイクルコストについて十分検討

③ 利用者のニーズや木材の利用による付加価値等も考慮

・ 備品や消耗品についても、購入コストや、木材利用の意義・効果を総合的に判断

・ 木質バイオマスを燃料とする暖房器具・ボイラーの導入に当たっては、導入・燃料調達・維持管理に要するコスト及びその体制についても考慮

○ 地方公共団体の役割（求められるもの）

都道府県方針・市町村方針の作成

－学校教育・社会福祉教育等関連政策との調和・連携
　広域的視点に立った木材の効率的・安定的供給体制の整備
　森林の適正な整備の推進
　民間事業者に対する公共建築物への木材利用を呼びかけ
　目標は可能な限り具体的に

都道府県と市町村相互の連携

－木材の調達について情報提供するなど、木材の利用に取り組みやすい体制整備

林業従事者・木材製造業者等との連携

(都道府県方針)

第8条　都道府県知事は、基本方針に即して、当該都道府県の区域内の公共建築物における木材の利用の促進に関する方針（以下「都道府県方針」という。）を定めることができる。

2　都道府県方針においては、次に掲げる事項を定めるものとする。

一　当該都道府県の区域内の公共建築物における木材の利用の促進のための施策に関する基本的事項

二　当該都道府県が整備する公共建築物における木材の利用の目標

三　当該都道府県の区域内における公共建築物の整備の用に供する木材の適切な供給の確保に関する基本的事項

四　その他当該都道府県の区域内の公共建築物における木材の利用の促進に関し必要な事項

3　都道府県知事は、都道府県方針を定め、又はこれを変更したときは、遅滞なく、これを公表するよう努めるとともに、関係市町村長に通知しなければならない。

(市町村方針)

第9条　市町村は、都道府県方針に即して、当該市町村の区域内の公共建築物における木材の利用の促進に関する方針（以下この条において「市町村方針」という。）を定めることができる。

2　市町村方針においては、次に掲げる事項を定めるものとする。

一　当該市町村の区域内の公共建築物における木材の利用の促進のための施策に関する基本的事項

二　当該市町村が整備する公共建築物における木材の利用の目標

三　その他当該市町村の区域内の公共建築物における木材の利用の促進に関し必要な事項

3　市町村方針においては、前項各号に掲げる事項のほか、当該市町

村の区域内における公共建築物の整備の用に供する木材の適切な供給の確保に関する基本的事項を定めることができる。
　4　市町村は、市町村方針を定め、又はこれを変更したときは、遅滞なく、これを公表するよう努めなければならない。

解説

I　趣旨

1．農林水産大臣及び国土交通大臣が定める基本方針は、主として公共建築物における木材利用の促進に当たって、関係者全員が持つべき基本的な共通認識等を明らかにするためのものであり、公共建築物の整備の現場段階での木材利用を促進するための具体的な取組を規定するものではない。

2．このため、基本方針で示された共通認識等を具現化し、実際の公共建築物等の整備の現場における木材利用の拡大につなげていくため、木材需給の実態など地域における木材利用の全体像を把握している都道府県が、基本方針に即して、地域の実情に応じた形での木材利用を促進するための方針を定めるとともに、併せて都道府県が自ら整備する公共建築物も多数存在することから、当該公共建築物における都道府県の木材利用の目標も定めることができる旨規定した。（第8条第2項関係）

3．さらに、都道府県段階で策定する方針に加えて、
　①　市町村は、建築物における木材利用に大きな影響を及ぼす都市計画法に基づく防火地域、準防火地域、その他の地域・地区の多くを決定する権限を有しており、市町村におけるまちづくりと木材利用を一体的に進めていく観点から、適切な木材利用に関する方針を策定することが可能であること
　②　都道府県によって示された方針を踏まえつつも、市町村が単独で行

う支援措置（例：公民館の設置に対する予算補助）等の付加的な取組
が方針に位置づけられることで、更なる木材利用の促進が期待される
こと

から、都道府県段階の方針に即して、これを補完するために、市町村段階の方針を策定することが望まれる。

　したがって、都道府県のみならず市町村も方針を策定できることとし、併せて市町村が自ら整備する施設も多数存在することから、都道府県と同様に市町村の木材利用の目標も定めることができる旨規定した。（第9条第2項関係）

Ⅱ　都道府県方針、市町村方針の規定事項

1．都道府県知事の定める方針（第8条第2項関係）

　都道府県方針においては、次の事項を定めることとした。

（1）当該都道府県の区域内の公共建築物における木材の利用の促進のための施策に関する基本的事項

　当該都道府県の区域内における森林整備及び木材利用の状況、木材の供給体制の現状等を踏まえた公共建築物の木材利用の方向性を示すとともに、学校教育や社会教育、社会福祉など関連の施策の方向性、活用可能な国及び都道府県の支援施策との関係等を踏まえ、重点的に木材利用を促進すべき公共建築物の種類や範囲などを明らかにする。

（2）当該都道府県が整備する公共建築物における木材の利用の目標

　基本方針を踏まえて、都道府県が自らが整備する公共建築物における木材利用の目標を定める。

（3）その他当該都道府県の区域内の公共建築物における木材の利用の促進に関し必要な事項

　基本方針に示された重要事項等について、当該都道府県の実情に即した具体的な方針を示すとともに、都道府県内の関係者の取組及び関係者相互の連携の促進を図るために必要な補足的な事項を定める。

2．市町村の定める方針（第9条第2項関係）
　市町村方針においては、次の事項を定める旨規定した。
（1）当該市町村の区域内の公共建築物における木材の利用の促進のための施策に関する基本的事項
　　基本方針及び都道府県方針を踏まえ、当該市町村のまちづくりに関する方針、地域の人口動態に基づく公共建築物の整備の必要性等を踏まえた公共建築物等の木材利用の方向性について、市町村独自の支援施策との関係を明らかにしつつ定める。
（2）当該市町村が整備する公共建築物における木材の利用の目標
　　基本方針及び都道府県方針を踏まえて、市町村が自らが整備する公共建築物における木材利用の目標を定める。
（3）その他当該市町村の区域内の公共建築物における木材の利用の促進に関し必要な事項
　　基本方針及び都道府県方針に示された重要事項等について、当該市町村の実情に即した具体的な方針を示すとともに、市町村内の関係者の取組及び関係者相互の連携の促進を図るために必要な補足的な事項を定める。

Ⅲ　都道府県方針と市町村方針の関係

1．上記Ⅱを踏まえると、都道府県又は市町村がそれぞれ方針を策定できることとなるが、都道府県又は市町村によって策定される方針のうち、自らが整備する公共建築物における木材利用の目標の設定については、それぞれが公共建築物の整備主体として自らの目標を定めることが可能であるため相互の調整は要しない。

2．しかしながら、方針で定められる目標設定以外の事項については、都道府県又は市町村自らが整備する公共建築物のみならず、当該区域内における公共建築物に準ずる建築物（民間事業者等が整備）における木材

利用についての事項も含まれることから、都道府県及び市町村がそれぞれ独自に方針を策定することで内容の重複又は不整合が起こることが懸念されるため、まずは県域全体を管轄する都道府県が方針を定め都道府県内における木材利用に関する基本的な考え方を示すことが必要である。

　この際、国が定める基本方針との調和を図るとともに、管轄する市町村が方針を作成する際の参考に供するため、都道府県が当該方針を策定した場合は、関係市町村長に通知しなければならないこととした。(第8条第3項関係)

3．なお、都道府県方針、市町村方針のいずれの場合においても、公共建築物における木材の利用の促進についての基本的な姿勢や考え方を示すものであり、区域内の住民に対してその内容を広く周知する必要があることから、都道府県及び市町村のいずれも、当該方針を定めたときは、遅滞なく、これを公表するよう努めることとした。(第8条第3項、第9条第4項関係)

（木材製造高度化計画の認定）
第10条　木材の製造を業として行う者は、木材製造の高度化に関する計画（以下「木材製造高度化計画」という。）を作成し、農林水産省令で定めるところにより、これを農林水産大臣に提出して、その木材製造高度化計画が適当である旨の認定を受けることができる。
2　木材製造高度化計画には、次に掲げる事項を記載しなければならない。
　一　木材製造の高度化の目標
　二　木材製造の高度化の内容及び実施期間
　三　公共建築物の整備の用に供する木材の製造の用に供する施設を整備しようとする場合にあっては、当該施設の種類及び規模
　四　森林法（昭和26年法律第249号）第5条第1項の規定によりたてられた地域森林計画の対象となっている同項に規定する民有林（同法第25条又は第25条の2の規定により指定された保安林並びに同法第41条の規定により指定された保安施設地区の区域内及び海岸法（昭和31年法律第101号）第3条の規定により指定された海岸保全区域内の森林（森林法第2条第1項に規定する森林をいう。第4項において同じ。）を除く。）において前号の施設を整備するために開発行為（森林法第10条の2第1項に規定する開発行為をいう。以下同じ。）をしようとする場合にあっては、当該施設の位置、配置及び構造
　五　木材製造の高度化を実施するために必要な資金の額及びその調達方法
3　農林水産大臣は、第1項の認定の申請があった場合において、その木材製造高度化計画が基本方針に照らし適切なものであり、かつ、木材製造の高度化を確実に遂行するため適切なものであると認めるときは、その認定をするものとする。

4　農林水産大臣は、第2項第4号に掲げる事項が記載された木材製造高度化計画について第1項の認定をしようとするときは、第2項第3号及び第4号に掲げる事項について、同項第3号の施設の整備の用に供する森林の所在地を管轄する都道府県知事に協議し、その同意を得なければならない。この場合において、当該都道府県知事は、当該施設を整備するための開発行為が森林法第10条の2第2項各号のいずれにも該当しないと認めるときは、同意をするものとする。

5　都道府県知事は、前項の同意をしようとするときは、都道府県森林審議会及び関係市町村長の意見を聴かなければならない。

（木材製造高度化計画の変更等）

第11条　前条第1項の認定を受けた者（以下「認定木材製造業者」という。）は、当該認定に係る木材製造高度化計画を変更しようとするときは、農林水産省令で定めるところにより、農林水産大臣の認定を受けなければならない。ただし、農林水産省令で定める軽微な変更については、この限りでない。

2　認定木材製造業者は、前項ただし書の農林水産省令で定める軽微な変更をしたときは、遅滞なく、その旨を農林水産大臣に届け出なければならない。

3　農林水産大臣は、認定木材製造業者が前条第1項の認定に係る木材製造高度化計画（第1項の規定による変更の認定又は前項の規定による変更の届出があったときは、その変更後のもの。以下「認定木材製造高度化計画」という。）に従って木材製造の高度化を行っていないと認めるときは、その認定を取り消すことができる。

4　前条第3項から第5項までの規定は、第1項の認定について準用する。

(林業・木材産業改善資金助成法の特例)
第12条　林業・木材産業改善資金助成法（昭和51年法律第42号）第2条第1項の林業・木材産業改善資金であって、認定木材製造業者が認定木材製造高度化計画に従って木材製造の高度化を行うのに必要なものの償還期間（据置期間を含む。）は、同法第5条第1項の規定にかかわらず、12年を超えない範囲内で政令で定める期間とする。

［施行令］
(林業・木材産業改善資金の特例の償還期間)
第2条　法第12条の政令で定める期間は、12年以内とする。

解説

I　趣旨

1．公共建築物の整備における木材利用を促進するに当たっては、森林の適正な整備及び保全を図る上で支障がないような木材を供給できる能力を有し、かつ、長大・大口径といった特徴を有する公共建築物の整備の用に適した木材を供給できる体制が確保されることが重要である。
　今後、本法及び国の基本方針の趣旨を踏まえて、国、地方公共団体等が公共建築物における木材の利用に積極的に取り組むことにより、木材の需要が増大することが見込まれる。
　このため、公共建築物の整備の用に適した木材を適切に供給できる木材製造業者を確保できるよう、公共建築物における木材利用の促進に対応した適切な木材供給を行うために木材製造業者の能力を積極的に向上させることが重要である。

2．また、公共建築物の整備における木材の利用を的確に促進するために

も、自らの意志で積極的に木材の製造の高度化に取り組もうとする木材製造業者に対し、国として支援策を講じ、木材製造業者を適切に育成していくことが必要であると考えられる。

　特に、公共建築物の整備の用に供する木材の供給のために必要な施設・機械の整備に当たっては、長大・大口径といった特殊性を有する公共建築物の整備の用に供する木材を供給するための専用の加工用機械等の整備が必要となるが、当該機械の導入等には通常多額の資金の借入れが必要となり、その回収に長期間を要することが見込まれるため、自らの木材の製造能力の向上が図られない場合も多いものと考えられる。

3．したがって、本法においては、木材製造業者が、独力で対応することが困難である加工用機械の導入等の体制整備を行うための公共建築物の整備の用に供する木材の製造の高度化に関する計画（以下「高度化計画」という。）を策定し、農林水産大臣の認定を受けた場合にあっては、当該高度化計画に基づく機械の導入等に係る資金の借入れに対して国が金融上の支援措置を実施することとし、このような木材製造業者の育成を通じて、公共建築物の整備の用に供する木材の適切な供給を確保する旨規定した。

Ⅱ　内容

1．高度化計画の認定

　a）高度化計画の認定（第10条第1項関係）

　　第10条第1項の農林水産大臣による認定を受けるため、木材の製造の高度化に取り組もうとする木材製造業者は、公共建築物の整備の用に供する木材の製造の高度化に関する計画（以下、「高度化計画」という。）を作成し、農林水産省令で定めるところにより、これを農林水産大臣に提出して、その高度化計画が適当である旨の認定を受けることができることとする。

b）高度化計画の記載事項（第10条第2項関係）
　計画認定の際には、高度化計画の内容が基本方針に照らし適切かどうか、高度化計画を確実に実施することができる内容となっているかどうかを確認することが必要である。
　このため、以下の事項について、計画記載事項として規定した。
① 木材製造高度化の目標
　高度化しようとする木材製造業者にあっては、公共建築物等の整備の用に供する木材の製造に必要な機械、施設の導入等による木材製造能力を現行の水準より向上させることを目標として具体的に記載させる。
② 木材製造高度化の内容及び実施期間
　木材製造業者の公共建築物等の用に供する木材の製造に関して講ずる措置の内容、高度化の実施体制に関する事項を記載させる。また、高度化の実施期間（開始日及び終了日）についても記載させる。
③ 木材製造高度化を実施するために必要な資金の額及びその調達方法
　高度化計画のための使途別の資金の額（人件費、設備投資費、原材料費）を記載するとともに、調達方法（補助金額、政府系金融機関、民間金融機関別の借入金額の別及び自己資金の額）を記載させる。
c）認定の基準（第10条第3項関係）
　農林水産大臣に高度化計画を提出した木材製造業者については、記載内容が、
① 基本方針に照らし適切なものであり、また、
② 高度化を確実に遂行するために適切なものであり、
③ その他農林水産大臣が定める基準に適合する
と認められるときは、その認定を受けることとした。
　具体的な認定基準は以下のとおりである。
① 高度化の目標、内容及び実施期間等について、基本方針（第7条第

2項第5号）の「公共建築物の整備の用に供する木材の適切な供給の確保に関する基本的事項」）に示された高度化の基本的方向に照らして適切なものであること

② 高度化の内容、資金の額及び調達方法等が高度化事業を確実に遂行するために適切なものであること

この場合、例えば、計画に記載された実施体制や実施期間では到底不可能なレベルのものである場合、資金の額が実施に不十分である場合、公共建築物の整備の用に供する木材の製造の確保が行われていない場合等は、確実に実施されるとは見込まれず、認定されないこととする。

2．高度化計画の変更等
　a）高度化計画の変更（第11条第1項関係）

　　農林水産大臣は、本法に基づく計画認定制度を円滑に運営するため、認定権者として、高度化計画の認定を受けた木材製造業者（以下「認定木材製造業者」という。）の計画事項の内容を的確に把握しておく必要があることから、認定木材製造業者が計画事項を変更しようとするときは、農林水産省令で定めるところにより、農林水産大臣の認定を受けなければならないこととする。

　b）高度化計画の取消（第11条第3項関係）

　　当該計画認定制度の適正な運用を図るため、農林水産大臣は、高度化計画に従って木材の製造の高度化を行っていないと認めるときは、その認定を取り消すことができることとする。

3．支援措置（第12条関係）

木材製造業者が、計画に従って、加工機械の導入等を行うのに必要な林業・木材産業資金の償還期間を10年以内から12年以内に延長するとともに、同資金の据置期間を3年以内から5年以内に延長することとする。

> **（森林法の特例）**
> 第13条　認定木材製造業者が認定木材製造高度化計画（第10条第2項第4号に掲げる事項が記載されたものに限る。）に従って同項第3号の施設を整備するため開発行為を行う場合には、森林法第10条の2第1項の許可があったものとみなす。

解説

Ⅰ　趣旨

1．森林は、水源のかん養、災害の防備、生活環境の保全といった公益的機能を通じて国民生活の安定と地域社会の健全な発展とに寄与しているものであり、一度開発を行ってその機能を破壊した場合には、これを回復することは非常に困難であり長い年月を要するものである。

　このため、森林法においては、森林の開発に対する規制を厳格に定めており、

① 　公益的機能の維持保全の面から特に重要な森林を行政庁が保安林等として指定し、一切の開発行為を禁止するという強い規制を課す一方で、

② 　保安林等以外の民有林についても、当該民有林の有する公益的機能を確保する観点から、土地の形質を変更する行為等を行う場合には、森林法第10条の2の規定により、あらかじめ都道府県知事の許可を受けなければならないものとされている。

2．一方、本法により、木材製造の高度化に取り組もうとする木材製造業者は、公共建築物の整備の用に供する木材製造の高度化に関する計画（以下「木材製造高度化計画」という。）を作成し、木材製造の高度化のための機械・施設等を整備できることとしているが、この際、伐採後の木材の製造工程の効率化、供給能力の向上等を図るため、木材製造業者

が森林において丸太の集積場、製材工場、乾燥施設、製品の保管施設等を建設する例も多く見られることから、林地開発の許可が必要となる地域森林計画の対象民有林において当該施設の整備を行うことが想定される。

　この場合、木材製造高度化計画の認定とは別に林地開発許可を必要とさせた場合には、当該計画の認定の際、関係施設の整備について見通しが得られないため、農林水産大臣による適正な認定行為が困難となるとともに、当該計画が認定された場合にあっても、別途林地開発許可に時間を要するため、計画の円滑な実施に支障が生じるおそれがある。

3．このため、木材製造高度化計画に基づき地域森林計画の対象民有林において木材製造の高度化のための施設を整備しようとする場合は、木材製造高度化計画の認定の手続と同時に林地開発の適否についても審査を行わせることにより、木材製造高度化計画の認定をもって、森林法第10条の2に規定する林地開発許可とみなすことが適当と考えられる。

　この場合、林地開発の許可権者は都道府県知事であり、一方で木材製造高度化計画の認定権者は農林水産大臣とそれぞれの判断をする者が異なることから、農林水産大臣が行う木材製造高度化計画の認定手続において当該都道府県知事による林地開発についての審査も可能とする措置を担保することが必要である。

Ⅱ　内容

1．このようなことから、本法においては、保安林等以外の民有林において、公共建築物の整備に用いる木材の製造の用に供する施設を整備するために開発行為を行う場合にあっては、木材製造高度化計画の計画事項に当該施設の位置、配置及び構造を定めること（第10条第2項第4号）とし、その場合に、農林水産大臣が当該計画を認定しようとするときは、農林水産大臣から開発行為の妥当性を判断する要素である、当該計画に記載されている当該施設の種類、規模、位置、配置、構造について、当

該施設の整備の用に供する森林の所在地を管轄する都道府県知事に協議し、その同意を得なければならない旨規定した。(第10条第4項前段)

　なお、施設の種類及び規模については、開発行為の必要性の有無に関わらず、木材製造の高度化の適否を判断する観点から、施設を整備する場合には、木材製造高度化計画に記載させることとしている。(第10条第2項第3号)

2．また、この場合において、当該都道府県知事は、これらの事項が森林法第10条の2第2項各号（開発行為の不許可事由）のいずれにも該当しないと認めるときは、これに同意をするものとする。(第10条第4項後段)

　この際、開発行為に伴う森林の有する公益的機能の低下がどのような影響を及ぼすかの技術的、専門的判断を適正に行うとともに、地域住民の意向を十分反映した適正な判断を行うため、都道府県知事は、都道府県森林審議会及び関係市町村長の意見を聴かなければならない旨規定した。(第10条第5項)

　以上により、林地開発の許可権者である都道府県知事による計画の内容についての審査の担保がなされた開発行為を行う場合には、森林法第10条の2第1項の林地開発許可があったものとみなす旨規定した。

第2部　逐条解説

> **（国有施設の使用）**
> 第14条　国は、政令で定めるところにより、公共建築物の整備の用に供する木材の生産に関する試験研究を行う者に国有の試験研究施設を使用させる場合において、公共建築物における木材の利用の促進を図るため特に必要があると認めるときは、その使用の対価を時価よりも低く定めることができる。

［施行令］
（国有試験研究施設の減額使用）
第3条　法第14条の国有の試験研究施設は、消防庁消防大学校の試験研究施設とする。
2　前項に規定する国有の試験研究施設は、法第2条第1項に規定する公共建築物の整備の用に供する木材の生産に関する試験研究で当該国有の試験研究施設を使用して行うことが当該試験研究を促進するため特に必要であると農林水産大臣が認定したものを行う者に対し、時価からその5割以内を減額した対価で使用させることができる。
3　農林水産大臣は、前項の規定による認定をしようとするときは、財務大臣に協議しなければならない。
4　第2項の規定による認定に関し必要な手続は、農林水産省令で定める。

［施行規則］
（国有試験研究施設の減額使用の手続）
第4条　公共建築物等における木材の利用の促進に関する法律施行令

(以下「令」という。）第3条第2項の規定による認定を受けようとする者は、別記様式第3号による申請書を農林水産大臣に提出しなければならない。
2　前項の申請書には、次に掲げる書類を添付しなければならない。
　一　認定を受けようとする試験研究の実施計画及び使用する必要がある国有の試験研究施設を記載した書類
　二　認定を受けようとする者がその認定を受けようとする試験研究を行うために必要な技術的能力を有することを説明した書類
3　農林水産大臣は、第1項の申請書を受理した場合において、令第3条第2項の規定による認定をしたときは、その申請をした者に別記様式第4号による認定書を交付するものとする。

解説

1. 国有財産は、国有財産法（昭和23年法律第73号）の規定に基づき、行政財産と普通財産に区分されている。

　このうち、試験研究施設を含む行政財産については、原則として貸し付けたり私権を設定することができないこととされているが（同法第18条第1項）、国有財産の用途・目的を妨げない限度内で、一定の場合においては、これを許可により使用させることができることとされている。（同条第6項）

　この規定に基づく国有財産の使用の対価については、財政法（昭和22年法律第34号）第9条第1項において、「国の財産は、適正な対価なくして貸し付けてはならない」旨が規定されている。

　国有財産法においては、その例外として、一定の場合に無償による貸付けを規定しているが、これは、対象を地方公共団体等に限った上で、災害発生時や武力攻撃時のような非常事態に対応するために国有財産の使用が不可欠である場合等に限定的に認められているのみである。（国有財産法第22条）

2．他方、公共建築物の整備に当たっては、長大・大口径などの特殊性を有する木材を用いるが、本法により、公共建築物における木材の利用を促進すれば、これらの特殊な木材の需要が拡大することが見込まれる。

　その場合、木材の供給・利用に携わる者（木材製造業者、林業従事者、建築業者等）は、このような特殊な木材の大量かつ円滑な供給に資するために、当該木材の利用の促進に関する各種の技術（公共建築物に用いられる木材の耐火性、健康被害防止、長大・大口径の立木の効率的伐採などに関する技術）を向上させていくことが求められる。

　これらの者が公共建築物等の整備の用に供する木材の生産に関する技術の向上を図るための試験研究を進める場合において、各種の実験・検証を行うために、公共建築物における木材の生産に係る技術開発に対応した、高度な測定機器や大規模な実験棟などを有する国の試験研究施設を利用することが想定されるが、現在、これらの施設を使用する者に対しては、財政法第9条第1項の規定に従い、時価に基づいて適正な対価を設定している。

3．しかしながら、最近の木材の利用の不振等に伴う木材価格の低迷を反映して、木材の供給・利用に携わる事業者においても厳しい経営状況にある者が多い中で、国の試験研究施設の使用の対価が経営上の負担となるため、これらの施設を十分に活用することができず、技術の向上が十分に進まないため、公共建築物等における木材の利用の促進に支障を来すことも予想される。

　このような事態を回避し、公共建築物等の整備の用に供する木材の利用を確保するため、これらの試験研究施設の利用を支援するための措置を講じることが必要である。

4．また、この場合、国の試験研究施設を使用する者は、
　　① 研究開発が先駆性のあるものであるため、必ずしも事業としての

収益に結びつくものとは限らず、経営上のリスクを負うことになること
　②　研究成果が生じた場合には、これが他の事業者においても活用されることにより、公共建築物等における木材の利用に関する技術の向上につながるという点で、一定の公共性が認められること

からも、このような場合における国の試験研究施設の使用の対価について、政策的に一定の支援を行うことが適当である。

　その場合、本法においては、国の試験研究施設を使用する主体の多くは民間事業者であるものと見込まれ、非営利主体でない場合が想定されるため、地方公共団体など非営利で公共性の高い主体にしか無償での使用を認めていない現行の国有財産法等の規定に照らせば、本法における国有の試験研究施設の使用の対価を無償とすることは困難であるが、上記②にあるように、その試験研究の取組には一定の公共性が認められることにかんがみて、使用の対価の減額を認めることが妥当である。

　このような事情から、本法においては、国有財産法の特例として、国の試験研究施設を使用させる対価の減額に関する規定を置いた。

5．なお、本項における規定と同様に、特定の分野における民間事業者による研究開発の実施を支援するため、国有の試験研究施設を使用させる対価の減額について規定している例として、基盤技術研究円滑化法（昭和60年法律第65号）第3条、石油代替エネルギーの開発及び導入の促進に関する法律（昭和55年法律第71号）第8条等がある。

> （報告の徴収）
> 第15条　農林水産大臣は、認定木材製造業者に対し、認定木材製造高度化計画の実施状況について報告を求めることができる。
>
> （罰則）
> 第16条　前条の規定による報告をせず、又は虚偽の報告をした者は、30万円以下の罰金に処する。
> 2　法人の代表者又は法人若しくは人の代理人、使用人その他の従業者が、その法人又は人の業務に関し、前項の違反行為をしたときは、行為者を罰するほか、その法人又は人に対して同項の刑を科する。

解説

1．木材製造高度化計画の認定を受けた木材製造業者に対し、認定権者が高度化計画の実施状況を確実に把握することができるよう、農林水産大臣が認定木材製造業者に対して報告を求めることができることとした。

2．この場合、報告を拒否されたり、虚偽の報告が行われた場合には、そもそも国として正確な事実が確認できないことから、その正確かつ確実な実施を担保する必要があり、罰則の対象とする必要がある。

3．これらの場合の罰則については、近年の法律の例等にならい、「30万円以下の罰金」とした。
　また、この罰則については、違反の直接な行為者である自然人を処罰しただけでは、その違反行為に対する抑止効果を十分に達成することができないと考えられることから、法人自体をも処罰する旨の両罰規定を置いた。

(参考)

○本法と類似の登録制度及びその他の法律における罰則について

既存の類似の法律	報告徴収に従わない場合の罰則
食品循環資源の再生利用等の促進に関する法律（平成12年法律第116号）	30万円以下の罰金（第28条第5号） ≪両罰規定≫
食品の製造過程の管理の高度化に関する臨時措置法（平成10年法律第59号）	30万円以下の罰金（第26条第2号）
就学前の子どもに関する教育、保育等の総合的な提供の推進に関する法律（平成18年法律第77号）	罰則なし
米穀の新用途への利用の促進に関する法律（平成21年法律第25号）	30万円以下の罰金（第18条） ≪両罰規定≫
農林漁業有機物資源のバイオ燃料の原材料としての利用の促進に関する法律（平成20年法律第45号）	30万円以下の罰金（第20条） ≪両罰規定≫
中小企業による地域産業資源を活用した事業活動の促進に関する法律（平成19年法律第39号）	30万円以下の罰金（第18条） ≪両罰規定≫

第3章　公共建築物における木材の利用以外の木材の利用の促進に関する施策

（住宅における木材の利用）
第17条　国及び地方公共団体は、木材が断熱性、調湿性等に優れ、紫外線を吸収する効果が高いこと、国民の木造住宅への志向が強いこと、木材の利用が地域経済の活性化に貢献するものであること等にかんがみ、木材を利用した住宅の建築等を促進するため、木造住宅を建築する者に対する情報の提供等の援助、木造住宅に関する展示会の開催その他のその需要の開拓のための支援その他の必要な措置を講ずるよう努めるものとする。

解説

1. 本法は、国、地方公共団体等が率先して、公共建築物における木材の利用の促進を図り、その波及効果により、住宅をはじめとした一般の建築物等における木材の利用を拡大することをねらいとしている。

　木材は、調湿性に優れ、断熱性が高く、紫外線を吸収し目に優しいなど、人に優しい、心休まる素材であるとともに、再生産可能な省エネ資材であり、その利用を推進することは、森林の持つ多面的機能の発揮を通じて、地球温暖化の防止等のほか、地域経済の活性化にも資するものである。

　また、新設住宅の5割強は木造であり、住宅建築の動向は木材需要や地域経済に与える影響は大きいが、平成19年の世論調査（「森林と生活に関する世論調査」）によると、住宅選びの意向として「仮に、今後、家を建てたり、買ったりする場合」に84％が「木造住宅を選びたい」と回答するなど、国民の木造住宅への志向は強くなっている。

このため、木造住宅の建築やマンションにおける内装の木質化など、住宅分野における木材利用の拡大に向けて、木造技術の標準化、木造住宅建築の担い手の育成等を図りつつ、地域材住宅を推進していく必要がある。また、在来工法住宅のうちプレカット材を使用した住宅は8割（平成20年）を占めるなど、プレカット加工が進展しており、また、阪神・淡路大震災を契機として品質・性能の明確な木材へのニーズが増大しており、これに応えた製品の安定的な供給が重要になっている。

これらを踏まえ、本法においては、国・地方公共団体は、木材の断熱性、調湿性等の特質や木造住宅への国民の志向の強さ、木材の利用が地域経済の活性化に貢献すること等にかんがみ、住宅への木材利用を促進するため、木造住宅の建築主体への情報発信、木造住宅に係る展示会の開催等の需要開拓への支援その他必要な措置を講ずるよう努める旨を規定することとした。

第2部　逐条解説

> （公共施設に係る工作物における景観の向上及び癒（いや）しの醸成のための木材の利用）
> 第18条　国及び地方公共団体は、木材を利用したガードレール、高速道路の遮音壁、公園の柵（さく）その他の公共施設に係る工作物を設置することが、その周囲における良好な景観の形成に資するとともに、利用者等を癒（いや）すものであることにかんがみ、それらの木材を利用した工作物の設置を促進するため、木材を利用したそれらの工作物を設置する者に対する技術的な助言、情報の提供等の援助その他の必要な措置を講ずるよう努めるものとする。

解説

1．ガードレールや高速道路の遮音壁、公園の柵（さく）等、公共施設に係る工作物に木材を利用することは、周囲の景観を向上させるものであり、また、利用者等に癒しを与えるなどの効果も期待できる。

　森林・林業再生プランに掲げる「10年後の木材自給率50％以上」という目標を達成するためには、公共施設に係る工作物における木材の利用を拡大することが重要な課題の一つとなっている。

　しかし、木製ガードレールは鋼製のものより割高であるため、技術の開発によるコストダウンが必要である。また、工作物の耐久性を確保するための防腐処理による環境負荷等を考慮する必要があるなど、公共施設に係る工作物への木材の利用を促進するに当たっては、工作物の設置者への技術的な助言や情報の提供等を行うことが求められている。

　このため、本法においては、公共施設に係る工作物の設置による、良好な景観の形成に資するとともに、利用者等を癒すものであることにかんがみ、木材を利用した工作物の設置を促進するため、木材を利用した工作物を設置する者に対する技術的な助言、情報の提供等の援助その他の必要な措置を講ずるよう努める旨規定した。

（木質バイオマスの製品利用）

第19条　国及び地方公共団体は、バイオマス（動植物に由来する有機物である資源（原油、石油ガス、可燃性天然ガス及び石炭（以下「化石資源」という。）を除く）をいう。）のうち木に由来するもの（以下「木質バイオマス」という。）についてパルプ、紙等の製品の原材料としての利用等従来から行われている利用の促進を図るほか、その用途の拡大及び多段階の利用（まず製品の原材料として利用し、再使用し、及び再生利用し、最終的にエネルギー源として利用することをいう。）を図ることにより製品の原材料として最大限利用することができるよう、木質バイオマスを化学的方法又は生物的作用を利用する方法等によって処理することによりプラスチックを製造する技術等の研究開発の推進その他の必要な措置を講ずるよう努めるものとする。

（木質バイオマスのエネルギー利用）

第20条　国及び地方公共団体は、木質バイオマスを化石資源の代替エネルギーとして利用することが二酸化炭素の排出の抑制及び木の伐採又は間伐により発生する未利用の木質バイオマスの有効な利用に資すること等にかんがみ、木質バイオマスをエネルギー源として利用することを促進するため、公共施設等におけるその利用の促進、木質バイオマスのエネルギー源としての利用に係る情報の提供、技術等の研究開発の推進その他の必要な措置を講ずるよう努めるものとする。

解説

1. 木材は、再生可能な省エネ資材であり、まず製品の原材料として利用し、再利用や再生利用を行い、最終的にエネルギー利用を行うという、

いわゆるカスケード利用を図ることが基本とされている。

　一方、我が国の木材需要量の半分近くを占めるパルプ・チップの自給率は14％と低く、森林・林業再生プランに掲げる「10年後の木材自給率50％以上」という目標の達成に向けて、パルプ・チップでの国産材の需要増大を図る必要がある。

2．このような中、木質バイオマスについては、製材工場等残材や建設発生木材のほとんどがマテリアル利用やエネルギー利用されているのに対し、間伐材を含むいわゆる林地残材（年間約2,000万立方メートル発生）については、収集・運搬コストの高さから、林地内に放置され、ほとんど利用されていない状況にある。

　未利用間伐材等を木質バイオマスとしての利用を促進することは、マテリアル利用、エネルギー利用のいずれにおいても、二酸化炭素の削減や山村経済の活性化に貢献するものであり、その有効活用を図ることが重要な課題となっている。

　これまで、間伐材等は、板、柱、家具などのほか、紙、繊維板等の製品の原材料として、その組成や性質をそのまま活用されてきたが、製品の原材料として最大限有効利用を図るためには、化学的、生物学的に処理することによりプラスチックを製造する技術の研究などを推進する必要がある。

3．このため、本法第19条においては、国及び地方公共団体は、木質バイオマスについて、用途の拡大及び多段階での利用を図ることにより製品の原材料として最大限利用することができるよう、木質バイオマスを化学的方法又は生物的作用を利用する方法等によって処理することによりプラスチックを製造する技術等の研究開発の推進その他の必要な措置を講ずるよう努める旨規定することとした。

　また、本法第20条においては、国及び地方公共団体は、木質バイオマ

スのエネルギー利用を促進するため、公共施設等におけるその利用の促進、木質バイオマスのエネルギー利用に係る情報の提供、技術等の研究開発の推進その他の必要な措置を講ずるよう努める旨規定することとした。

木質バイオマス利用の推進

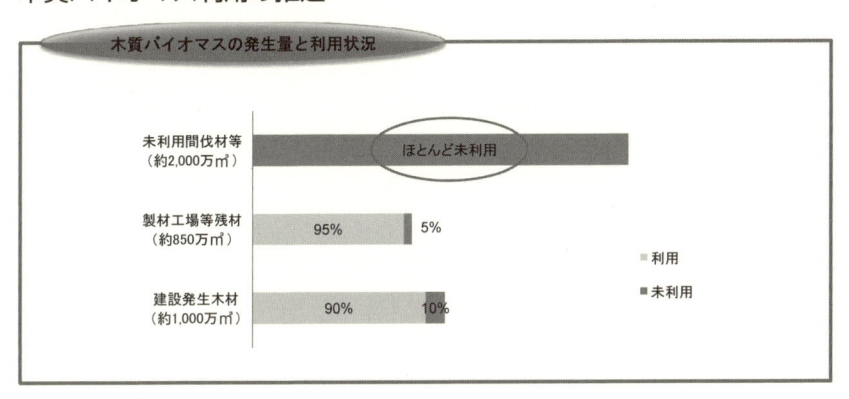

木質バイオマスの発生量と利用状況

- 未利用間伐材等（約2,000万㎥）：ほとんど未利用
- 製材工場等残材（約850万㎥）：利用95%、未利用5%
- 建設発生木材（約1,000万㎥）：利用90%、未利用10%

出典：農林水産省「バイオマス活用基本計画」(H22)を基に作成
注：重量から容積への換算に当たっては、絶乾比重として0.4トン/㎥を用いた．

木質バイオマスによる石油代替

エネルギー利用
・木質ペレット
・バイオエタノール　等

マテリアル利用
・バイオマスプラスチック
・ナノカーボン
・防虫剤　　　等

（注：技術開発段階のものを含む）

出典：林野庁資料

附　則

> （施行期日）
> 第1条　この法律は、公布の日から起算して6月を超えない範囲内において政令で定める日から施行する。

> 　公共建築物等における木材の利用の促進に関する法律の施行期日を定める政令
> 　公共建築物等における木材の利用の促進に関する法律の施行期日は、平成22年10月1日とする。

1．本法は、公共建築物等における木材の利用を促進するための措置を講ずることにより、木材の適切な供給を図りつつその利用を促進し、もって森林の適正な整備に寄与するものであることから、できるだけ速やかに施行することが適当である。

2．しかしながら、本法の施行に当たっては、
　①　パブリックコメント実施期間（30日）や各省各庁の長との調整に要する期間を含め必要な政省令、基本方針の制定等施行の準備期間を設ける必要があること、
　②　基本方針に基づき方針を策定することができる都道府県又は市町村に対する周知期間が必要であること、
から、本法の円滑な施行のためには、これらの手続に要する6カ月程度の施行準備期間が必要と見込まれる。

3．以上のことから、本法は、「公布の日から起算して6月を超えない範囲内において政令で定める日」から施行する旨規定した。

> （検討）
> 第2条　政府は、この法律の施行後5年を経過した場合において、この法律の施行の状況について検討を加え、その結果に基づいて必要な措置を講ずるものとする。

1．本法は、公共建築物等における木材の利用を促進するための措置を講ずることにより、森林の適正な整備に寄与するという明確な目的をもち、その実現のために特別な措置を講じる作用法であることから、その法目的の達成度合いや改善すべき点等について検証する必要があり、一定期間後の検討条項を附則で定めることとした。

2．なお、その期間については、森林法に基づく地域森林計画や市町村森林整備計画は5年ごとに見直されることとなっており、その見直しに伴い森林整備の在り方や方向性が変更され、公共建築物等における木材の利用及び供給についても見直しが必要となる可能性があることから、この法律の施行後5年を経過した場合において、見直し検討を行うこととした。

第3部
参考資料

公共建築物等における木材の利用の促進に関する法律

公共建築物等における木材の利用の促進に関する法律施行令

公共建築物等における木材の利用の促進に関する法律施行規則

公共建築物における木材の利用の促進に関する基本方針

木材製造高度化計画等認定事務取扱要領

公共建築物等木材利用促進法【主要Q＆A集】

森林・林業再生プラン―コンクリート社会から木の社会へ―

森林・林業の再生に向けた改革の姿
―森林・林業基本政策検討委員会 最終とりまとめ―

公共建築物等における木材の利用の促進に関する法律

平成22年5月26日法律第36号

目次
第1章　総則（第1条—第6条）
第2章　公共建築物における木材の利用の促進に関する施策（第7条—第16条）
第3章　公共建築物における木材の利用以外の木材の利用の促進に関する施策（第17条—第20条）
附　則

第1章　総　則

（目的）

第1条　この法律は、木材の利用を促進することが地球温暖化の防止、循環型社会の形成、森林の有する国土の保全、水源のかん養その他の多面的機能の発揮及び山村その他の地域の経済の活性化に貢献すること等にかんがみ、公共建築物等における木材の利用を促進するため、農林水産大臣及び国土交通大臣が策定する基本方針等について定めるとともに、公共建築物の整備の用に供する木材の適切な供給の確保に関する措置を講ずること等により、木材の適切な供給及び利用の確保を通じた林業の持続的かつ健全な発展を図り、もって森林の適正な整備及び木材の自給率の向上に寄与することを目的とする。

（定義）

第2条　この法律において「公共建築物」とは、次に掲げる建築物（建築基準法（昭和25年法律第201号）第2条第1号に規定する建築物をいう。以下同じ。）をいう。

一　国又は地方公共団体が整備する公共の用又は公用に供する建築物

二 国又は地方公共団体以外の者が整備する学校、老人ホームその他の前号に掲げる建築物に準ずる建築物として政令で定めるもの

2　この法律において「木材の利用」とは、建築基準法第2条第5号に規定する主要構造部その他の建築物の部分の建築材料、工作物の資材、製品の原材料及びエネルギー源として国内で生産された木材その他の木材を使用すること（これらの木材を使用した木製品を使用することを含む。）をいう。

3　この法律において「木材製造の高度化」とは、木材の製造を業として行う者が、公共建築物の整備の用に供する木材の製造のために必要な施設の整備、高度な知識又は技術を有する人材の確保その他の措置を行うことにより、公共建築物の整備の用に供する木材の供給能力の向上を図ることをいう。

（国の責務）

第3条　国は、木材の利用の促進に関する施策を総合的に策定し、及び実施するとともに、地方公共団体が実施する木材の利用の促進に関する施策を推進するために必要な助言その他の措置を講ずるよう努めなければならない。

2　国は、一般の利用に供されるものであることその他の前条第1項第1号に掲げる建築物の性質にかんがみ、木材に対する需要の増進に資するため、自ら率先してその整備する公共建築物における木材の利用に努めなければならない。

3　国は、木材に対する需要の増進を図るため、木材の利用の促進に係る取組を支援するために必要な財政上及び金融上の措置を講ずるよう努めなければならない。

4　国は、木材の利用の促進に当たっては、公共建築物の整備等の用に供する木材が適切に供給されることが重要であることにかんがみ、木材製造の高度化の促進その他の公共建築物の整備等の用に供する木材の適切な供給の確保のために必要な措置を講ずるよう努めなければならない。

5　国は、建築物における建築材料としての木材の利用を促進するため、木造の建築物に係る建築基準法等の規制の在り方について、木材の耐火性等に関する研究の成果、建築の専門家等の専門的な知見に基づく意見、諸外国における規制の状況等を踏まえて検討を加え、その結果に基づき、規制の撤廃又は緩和のために必要な法制上の措置その他の措置を講ずるものとする。

6　国は、木材の利用の促進に関する研究、技術の開発及び普及、人材の育成その他の木材の利用の促進を図るために必要な措置を講ずるよう努めなければならない。

7　国は、教育活動、広報活動等を通じて、木材の利用の促進に関する国民の理解を深めるとともに、その実施に関する国民の協力を求めるよう努めなければならない。

（地方公共団体の責務）

第4条　地方公共団体は、その区域の経済的社会的諸条件に応じ、国の施策に準じて木材の利用の促進に関する施策を策定し、及び実施するよう努めるとともに、その整備する公共建築物における木材の利用に努めなければならない。

（事業者の努力）

第5条　事業者は、その事業活動等に関し、木材の利用の促進に自ら努めるとともに、国又は地方公共団体が実施する木材の利用の促進に関する施策に協力するよう努めるものとする。

（国民の努力）

第6条　国民は、木材の利用の促進に自ら努めるとともに、国又は地方公共団体が実施する木材の利用の促進に関する施策に協力するよう努めるものとする。

第2章　公共建築物における木材の利用の促進に関する施策

（基本方針）

第7条　農林水産大臣及び国土交通大臣は、公共建築物における木材の利用の促進に関する基本方針（以下「基本方針」という。）を定めなければならない。
2　基本方針においては、次に掲げる事項を定めるものとする。
　一　公共建築物における木材の利用の促進の意義及び基本的方向
　二　公共建築物における木材の利用の促進のための施策に関する基本的事項
　三　国が整備する公共建築物における木材の利用の目標
　四　基本方針に基づき各省各庁の長（財政法（昭和22年法律第34号）第20条第2項に規定する各省各庁の長をいう。以下この条において同じ。）が定める公共建築物における木材の利用の促進のための計画に関する基本的事項
　五　公共建築物の整備の用に供する木材の適切な供給の確保に関する基本的事項
　六　その他公共建築物における木材の利用の促進に関する重要事項
3　基本方針は、公共建築物における木材の利用の状況、建築物における木材の利用に関する技術水準その他の事情を勘案して定めるものとする。
4　農林水産大臣及び国土交通大臣は、経済事情の変動その他情勢の推移により必要が生じたときは、基本方針を変更するものとする。
5　農林水産大臣及び国土交通大臣は、基本方針を定め、又はこれを変更しようとするときは、あらかじめ、各省各庁の長に協議しなければならない。
6　農林水産大臣及び国土交通大臣は、基本方針を定め、又はこれを変更したときは、遅滞なく、これを公表するとともに、各省各庁の長及び都道府県知事に通知しなければならない。
7　農林水産大臣及び国土交通大臣は、毎年一回、基本方針に基づく措置の実施の状況を公表しなければならない。

（都道府県方針）

第8条　都道府県知事は、基本方針に即して、当該都道府県の区域内の公共建築物における木材の利用の促進に関する方針（以下「都道府県方針」という。）を定めることができる。
2　都道府県方針においては、次に掲げる事項を定めるものとする。
　一　当該都道府県の区域内の公共建築物における木材の利用の促進のための施策に関する基本的事項
　二　当該都道府県が整備する公共建築物における木材の利用の目標
　三　当該都道府県の区域内における公共建築物の整備の用に供する木材の適切な供給の確保に関する基本的事項
　四　その他当該都道府県の区域内の公共建築物における木材の利用の促進に関し必要な事項
3　都道府県知事は、都道府県方針を定め、又はこれを変更したときは、遅滞なく、これを公表するよう努めるとともに、関係市町村長に通知しなければならない。

（市町村方針）
第9条　市町村は、都道府県方針に即して、当該市町村の区域内の公共建築物における木材の利用の促進に関する方針（以下この条において「市町村方針」という。）を定めることができる。
2　市町村方針においては、次に掲げる事項を定めるものとする。
　一　当該市町村の区域内の公共建築物における木材の利用の促進のための施策に関する基本的事項
　二　当該市町村が整備する公共建築物における木材の利用の目標
　三　その他当該市町村の区域内の公共建築物における木材の利用の促進に関し必要な事項
3　市町村方針においては、前項各号に掲げる事項のほか、当該市町村の区域内における公共建築物の整備の用に供する木材の適切な供給の確保に関する基本的事項を定めることができる。
4　市町村は、市町村方針を定め、又はこれを変更したときは、遅滞なく、

これを公表するよう努めなければならない。

（木材製造高度化計画の認定）

第10条　木材の製造を業として行う者は、木材製造の高度化に関する計画（以下「木材製造高度化計画」という。）を作成し、農林水産省令で定めるところにより、これを農林水産大臣に提出して、その木材製造高度化計画が適当である旨の認定を受けることができる。

2　木材製造高度化計画には、次に掲げる事項を記載しなければならない。
　一　木材製造の高度化の目標
　二　木材製造の高度化の内容及び実施期間
　三　公共建築物の整備の用に供する木材の製造の用に供する施設を整備しようとする場合にあっては、当該施設の種類及び規模
　四　森林法（昭和26年法律第249号）第5条第1項の規定によりたてられた地域森林計画の対象となっている同項に規定する民有林（同法第25条又は第25条の2の規定により指定された保安林並びに同法第41条の規定により指定された保安施設地区の区域内及び海岸法（昭和31年法律第101号）第3条の規定により指定された海岸保全区域内の森林（森林法第2条第1項に規定する森林をいう。第4項において同じ。）を除く。）において前号の施設を整備するために開発行為（森林法第10条の2第1項に規定する開発行為をいう。以下同じ。）をしようとする場合にあっては、当該施設の位置、配置及び構造
　五　木材製造の高度化を実施するために必要な資金の額及びその調達方法

3　農林水産大臣は、第1項の認定の申請があった場合において、その木材製造高度化計画が基本方針に照らし適切なものであり、かつ、木材製造の高度化を確実に遂行するため適切なものであると認めるときは、その認定をするものとする。

4　農林水産大臣は、第2項第4号に掲げる事項が記載された木材製造高度化計画について第1項の認定をしようとするときは、第2項第3号及

び第4号に掲げる事項について、同項第3号の施設の整備の用に供する森林の所在地を管轄する都道府県知事に協議し、その同意を得なければならない。この場合において、当該都道府県知事は、当該施設を整備するための開発行為が森林法第10条の2第2項各号のいずれにも該当しないと認めるときは、同意をするものとする。

5 　都道府県知事は、前項の同意をしようとするときは、都道府県森林審議会及び関係市町村長の意見を聴かなければならない。

（木材製造高度化計画の変更等）

第11条　前条第1項の認定を受けた者（以下「認定木材製造業者」という。）は、当該認定に係る木材製造高度化計画を変更しようとするときは、農林水産省令で定めるところにより、農林水産大臣の認定を受けなければならない。ただし、農林水産省令で定める軽微な変更については、この限りでない。

2 　認定木材製造業者は、前項ただし書の農林水産省令で定める軽微な変更をしたときは、遅滞なく、その旨を農林水産大臣に届け出なければならない。

3 　農林水産大臣は、認定木材製造業者が前条第1項の認定に係る木材製造高度化計画（第1項の規定による変更の認定又は前項の規定による変更の届出があったときは、その変更後のもの。以下「認定木材製造高度化計画」という。）に従って木材製造の高度化を行っていないと認めるときは、その認定を取り消すことができる。

4 　前条第3項から第5項までの規定は、第1項の認定について準用する。

（林業・木材産業改善資金助成法の特例）

第12条　林業・木材産業改善資金助成法（昭和51年法律第42号）第2条第1項の林業・木材産業改善資金であって、認定木材製造業者が認定木材製造高度化計画に従って木材製造の高度化を行うのに必要なものの償還期間（据置期間を含む。）は、同法第5条第1項の規定にかかわらず、12年を超えない範囲内で政令で定める期間とする。

(森林法の特例)
第13条　認定木材製造業者が認定木材製造高度化計画（第10条第2項第4号に掲げる事項が記載されたものに限る。）に従って同項第3号の施設を整備するため開発行為を行う場合には、森林法第10条の2第1項の許可があったものとみなす。

(国有施設の使用)
第14条　国は、政令で定めるところにより、公共建築物の整備の用に供する木材の生産に関する試験研究を行う者に国有の試験研究施設を使用させる場合において、公共建築物における木材の利用の促進を図るため特に必要があると認めるときは、その使用の対価を時価よりも低く定めることができる。

(報告の徴収)
第15条　農林水産大臣は、認定木材製造業者に対し、認定木材製造高度化計画の実施状況について報告を求めることができる。

(罰則)
第16条　前条の規定による報告をせず、又は虚偽の報告をした者は、30万円以下の罰金に処する。
2　法人の代表者又は法人若しくは人の代理人、使用人その他の従業者が、その法人又は人の業務に関し、前項の違反行為をしたときは、行為者を罰するほか、その法人又は人に対して同項の刑を科する。

第3章　公共建築物における木材の利用以外の木材の利用の促進に関する施策

(住宅における木材の利用)
第17条　国及び地方公共団体は、木材が断熱性、調湿性等に優れ、紫外線を吸収する効果が高いこと、国民の木造住宅への志向が強いこと、木材の利用が地域経済の活性化に貢献するものであること等にかんがみ、木材を利用した住宅の建築等を促進するため、木造住宅を建築する者に

対する情報の提供等の援助、木造住宅に関する展示会の開催その他のその需要の開拓のための支援その他の必要な措置を講ずるよう努めるものとする。

(公共施設に係る工作物における景観の向上及び癒（いや）しの醸成のための木材の利用)

第18条　国及び地方公共団体は、木材を利用したガードレール、高速道路の遮音壁、公園の柵（さく）その他の公共施設に係る工作物を設置することが、その周囲における良好な景観の形成に資するとともに、利用者等を癒（いや）すものであることにかんがみ、それらの木材を利用した工作物の設置を促進するため、木材を利用したそれらの工作物を設置する者に対する技術的な助言、情報の提供等の援助その他の必要な措置を講ずるよう努めるものとする。

(木質バイオマスの製品利用)

第19条　国及び地方公共団体は、バイオマス（動植物に由来する有機物である資源（原油、石油ガス、可燃性天然ガス及び石炭（以下「化石資源」という。）を除く。）をいう。）のうち木に由来するもの（以下「木質バイオマス」という。）について、パルプ、紙等の製品の原材料としての利用等従来から行われている利用の促進を図るほか、その用途の拡大及び多段階の利用（まず製品の原材料として利用し、再使用し、及び再生利用し、最終的にエネルギー源として利用することをいう。）を図ることにより製品の原材料として最大限利用することができるよう、木質バイオマスを化学的方法又は生物的作用を利用する方法等によって処理することによりプラスチックを製造する技術等の研究開発の推進その他の必要な措置を講ずるよう努めるものとする。

(木質バイオマスのエネルギー利用)

第20条　国及び地方公共団体は、木質バイオマスを化石資源の代替エネルギーとして利用することが二酸化炭素の排出の抑制及び木の伐採又は間伐により発生する未利用の木質バイオマスの有効な利用に資すること

等にかんがみ、木質バイオマスをエネルギー源として利用することを促進するため、公共施設等におけるその利用の促進、木質バイオマスのエネルギー源としての利用に係る情報の提供、技術等の研究開発の推進その他の必要な措置を講ずるよう努めるものとする。

附　則

（施行期日）

第1条　この法律は、公布の日から起算して6月を超えない範囲内において政令で定める日から施行する。

（検討）

第2条　政府は、この法律の施行後5年を経過した場合において、この法律の施行の状況について検討を加え、その結果に基づいて必要な措置を講ずるものとする。

公共建築物等における木材の利用の促進に関する法律案に対する附帯決議

　政府は、本法の施行に当たり、木材の適切な供給及び利用の確保を通じた林業の持続的かつ健全な発展を図り、森林の適正な整備及び木材の自給率の向上に寄与するよう、次の事項の実現に万全を期すべきである。

1　植林、育林、伐採、木材利用及び再植林という森林の循環を促進することにより森林の有する地球温暖化の防止等の機能が十分に発揮されるとともに、木材の建築材料等としての利用を促進することにより二酸化炭素の大気中への排出等が抑制されるよう木材利用を促進すること。
2　木材の利用により化石資源の消費が抑制されるとともに、木材の多段階の利用の促進を通じて廃棄物の排出が抑制されるなど環境への負荷が低減されることにより、循環型社会の形成に貢献することを旨として、木材利用を促進すること。
3　木材の利用による森林の循環を促進することにより、国土の保全、水源のかん養その他の森林の有する多面的機能が十分に発揮されるよう木材利用を促進すること。
4　木材の地産地消等により、木材関連事業の振興を促進し、併せて安定的な雇用の増大を図り、山村をはじめとする地域の経済の活性化に貢献することを旨として、木材利用を促進すること。
5　建築基準法等の規制についての本委員会の審査における具体的な問題点の指摘等を踏まえ、速やかに、本法第3条第5項の検討を行い、規制の撤廃又は緩和のために必要な法制上の措置その他の措置を講ずること。

右決議する。

公共建築物等における木材の利用の促進に関する法律施行令

平成22年9月14日政令第203号

（国又は地方公共団体以外の者が整備する公共建築物）

第1条　公共建築物等における木材の利用の促進に関する法律（以下「法」という。）第2条第1項第2号の政令で定める建築物は、次に掲げるものとする。

一　学校

二　老人ホーム、保育所、福祉ホームその他これらに類する社会福祉施設

三　病院又は診療所

四　体育館、水泳場その他これらに類する運動施設

五　図書館、青年の家その他これらに類する社会教育施設

六　車両の停車場又は船舶若しくは航空機の発着場を構成する建築物で旅客の乗降又は待合いの用に供するもの

七　高速道路（高速道路株式会社法（平成16年法律第99号）第2条第2項に規定する高速道路をいう。）の通行者又は利用者の利便に供するための休憩所

（林業・木材産業改善資金の特例の償還期間）

第2条　法第12条の政令で定める期間は、12年以内とする。

（国有試験研究施設の減額使用）

第3条　法第14条の国有の試験研究施設は、消防庁消防大学校の試験研究施設とする。

2　前項に規定する国有の試験研究施設は、法第2条第1項に規定する公共建築物の整備の用に供する木材の生産に関する試験研究で当該国有の試験研究施設を使用して行うことが当該試験研究を促進するため特に必要であると農林水産大臣が認定したものを行う者に対し、時価からその5割以内を減額した対価で使用させることができる。

3 　農林水産大臣は、前項の規定による認定をしようとするときは、財務大臣に協議しなければならない。
4 　第２項の規定による認定に関し必要な手続は、農林水産省令で定める。

附　則

　この政令は、法の施行の日（平成22年10月１日）から施行する。

公共建築物等における木材の利用の促進に関する法律施行規則

平成22年9月30日農林水産省令第51号

（木材製造高度化計画の認定の申請）

第1条　公共建築物等における木材の利用の促進に関する法律（以下「法」という。）第10条第1項の規定により木材製造高度化計画の認定を受けようとする者は、別記様式第1号による申請書を農林水産大臣に提出しなければならない。

2　前項の申請書には、次に掲げる書類を添付しなければならない。

一　当該申請をしようとする者が法人である場合には、その定款又はこれに代わる書面

二　当該申請をしようとする者の最近二期間の事業報告書、貸借対照表及び損益計算書（これらの書類がない場合にあっては、最近一年間の事業内容の概要を記載した書類）

三　法第10条第2項第3号の場合にあっては、同号の施設の規模及び構造を明らかにした図面

四　法第10条第2項第4号の場合にあっては、開発行為に係る森林の位置図及び区域図並びに次に掲げる書類

　イ　開発行為に関する計画書

　ロ　開発行為に係る森林について当該開発行為の施行の妨げとなる権利を有する者の相当数の同意を得ていることを証する書類

　ハ　開発行為をしようとする者（独立行政法人等登記令（昭和39年政令第28号）第1条に規定する独立行政法人等を除く。）が法人である場合には、その登記事項証明書

（木材製造高度化計画の変更の認定の申請）

第2条　法第11条第1項の規定により木材製造高度化計画の変更の認定を受けようとする認定木材製造業者は、別記様式第2号による申請書を農

林水産大臣に提出しなければならない。
2　前項の申請書には、次に掲げる書類を添付しなければならない。ただし、第2号に掲げる書類については、既に農林水産大臣に提出されている当該書類の内容に変更がないときは、申請書にその旨を記載して当該書類の添付を省略することができる。
　一　当該木材製造高度化計画に従って行われる木材製造の高度化の実施状況を記載した書類
　二　前条第2項各号に掲げる書類

（木材製造高度化計画の軽微な変更）
第3条　法第11条第1項ただし書の農林水産省令で定める軽微な変更は、次に掲げるものとする。
　一　氏名又は名称及び住所並びに法人にあっては、その代表者の氏名の変更
　二　木材製造の高度化の内容の変更であって、木材の製造量について10パーセント未満の増減を伴うもの
　三　木材製造の高度化の実施期間の6月以内の変更
　四　木材製造の高度化を実施するために必要な資金の額及びその調達方法の変更であって、当該資金の額について10パーセント未満の増減を伴うもの
　五　前各号に掲げるもののほか、地域の名称の変更その他の木材製造高度化計画に記載されている内容の実質的な変更を伴わない変更

（国有試験研究施設の減額使用の手続）
第4条　公共建築物等における木材の利用の促進に関する法律施行令（以下「令」という。）第3条第2項の規定による認定を受けようとする者は、別記様式第3号による申請書を農林水産大臣に提出しなければならない。
2　前項の申請書には、次に掲げる書類を添付しなければならない。
　一　認定を受けようとする試験研究の実施計画及び使用する必要がある

国有の試験研究施設を記載した書類
　　二　認定を受けようとする者がその認定を受けようとする試験研究を行うために必要な技術的能力を有することを説明した書類
3　農林水産大臣は、第1項の申請書を受理した場合において、令第3条第2項の規定による認定をしたときは、その申請をした者に別記様式第4号による認定書を交付するものとする。

附　則

　この省令は、法の施行の日（平成22年10月1日）から施行する。

別記様式第1号（第1条関係）
木材製造高度化計画に係る認定申請書
　年　月　日
　　農林水産大臣名　殿

　　　　　　　　　　　　　　　申請者
　　　　　　　　　　　　　　　住　　　　所
　　　　　　　　　　　　　　　名　称　及　び
　　　　　　　　　　　　　　　代表者の氏名
　　　　　　　　　　　　　　　（個人の場合は氏名）　　　　　印

　公共建築物等における木材の利用の促進に関する法律第10条第1項の規定に基づき、別紙の計画について認定を受けたいので、申請します。

（備考）
　　用紙の大きさは、日本工業規格Ａ4とし、記名押印については、氏名を自署する場合、押印を省略することができる。

(別紙1)

1　木材製造の高度化の目標

2　木材製造の高度化の内容
　　ア　具体的な実施内容

　　イ　木材製造の高度化に関する年度別計画

(単位：㎥)

製造される 木材の種類	木材の製造量					
^	直近期末 (　年度)	1年後 (　年度)	2年後 (　年度)	3年後 (　年度)	4年後 (　年度)	5年後 (　年度)
合計						

3　木材製造の高度化の実施期間
　　　　平成　年　月　日から平成　年　月　日まで

4　公共建築物の整備の用に供する木材の製造の用に供する施設の種類及び規模（当該施設を整備しようとする場合）
　（別紙2）

5　当該施設の位置、配置及び構造（地域森林計画の対象となっている民有林において当該施設を整備するために開発行為をしようとする場合）
　（別紙3）

6　木材製造の高度化を実施するために必要な資金の額及びその調達方法
　（別紙4）

7　その他木材製造の高度化を実施するための重要事項

(別紙2)

公共建築物の整備の用に供する木材の製造の用に供する施設の種類及び規模

施設の種類	施設の規模・能力等	施設の所在地	全体事業費（単位：千円）	
			年度	年度

(注) 1 施設の種類については、製材施設、乾燥施設、プレカット施設、集成材加工施設、流通拠点施設等の別を記載すること。

2 施設の規模・能力等の単位については、該当する施設に応じた適切な単位を使用すること。（t／年など）

(別紙3)

公共建築物の整備の用に供する木材の製造の用に供する施設の位置、配置及び構造

所在場所			開発行為に係る森林の土地の面積	施設の配置	施設の構造	開発行為の着手及び完了年月日	備考
市町村(郡)	字(大字)	地番					

(注) 1 開発行為に係る森林の土地の面積については、当該面積を実測し、ヘクタールを単位として、小数点以下第4位まで記載すること。

2 開発行為を行うことについての行政庁の許認可その他処分を必要とする場合には、その手続の状況を備考欄に記載すること。

(別紙4)

木材製造の高度化を実施するために必要な資金の額及びその調達方法

(単位:千円)

年度	使途項目	調達先							備考
^	^	補助金・委託費等	政府系金融機関	民間金融機関	株式、社債等	自己資金	その他	合計	^
	合計								

(注) 1 補助金・委託費等及び金融機関からの借入れについては、計画申請時点における予定を記載すること。

2 林業・木材産業改善資金を利用する場合には、「その他」の欄に記載すること。

別記様式第2号（第2条関係）
　　　　　木材製造高度化計画の変更に係る認定申請書

　　　　　　　　　　　　　　　　　　　　　　　　　年　月　日

　農林水産大臣名　殿

　　　　　　　　　　　　　申請者
　　　　　　　　　　　　　住　　　　所
　　　　　　　　　　　　　名　称　及　び
　　　　　　　　　　　　　代表者の氏名
　　　　　　　　　　　　　（個人の場合は氏名）　　　　　　　　印

　　年　月　日付けで認定を受けた木材製造高度化計画について、下記のとおり変更したいので、公共建築物等における木材の利用の促進に関する法律第11条第1項の規定に基づき、認定を申請します。

　　　　　　　　　　　　　　　記

1　変更事項の内容
2　変更理由
3　添付を省略する書類（既に提出されている書類のうち、内容に変更がないもの）

（備考）
　1　変更事項の内容については、変更前と変更後を対比して記載すること。
　2　用紙の大きさは、日本工業規格A4とし、記名押印については、氏名を自署する場合、押印を省略することができる。

別記様式第3号（第4条関係）
公共建築物の整備の用に供する木材の生産に関する試験研究に係る認定申請書

　　　　　　　　　　　　　　　　　　　　　　　　　年　月　日

農林水産大臣名　殿

　　　　　　　　　　　　申請者
　　　　　　　　　　　　住　　　　所
　　　　　　　　　　　　名 称 及 び
　　　　　　　　　　　　代表者の氏名
　　　　　　　　　　　　（個人の場合は氏名）　　　　　　印

　公共建築物等における木材の利用の促進に関する法律施行令第3条第2項の規定による認定を受けたいので、下記のとおり申請します。

　　　　　　　　　　　　　記

1　公共建築物の整備の用に供する木材の生産に関する試験研究の概要
2　国有の試験研究施設を使用して1の試験研究を行うことが当該試験研究を促進するため特に必要である理由

（備考）
　　　用紙の大きさは、日本工業規格Ａ4とし、記名押印については、氏名を自署する場合、押印を省略することができる。

別記様式第4号（第4条関係）
公共建築物の整備の用に供する木材の生産に関する試験研究に係る認定書

番　号

　公共建築物等における木材の利用の促進に関する法律施行令第3条第2項の規定に基づき、下記の公共建築物の整備の用に供する木材の生産に関する試験研究は、同条第1項に規定する国有の試験研究施設を使用して行うことが当該試験研究を促進するため特に必要であると認定する。

　　　　年　月　日

　　　　　　　　　　　　農林水産大臣名　　　　　　印

　　　　　　　　　記

1　公共建築物の整備の用に供する木材の生産に関する試験研究の概要
2　1の試験研究を行う者の住所並びに名称及び代表者の氏名（個人の場合は氏名）

（備考）
　　用紙の大きさは、日本工業規格Ａ4とすること。

公共建築物における木材の利用の促進に関する基本方針

平成22年10月4日農林水産省、国土交通省告示第3号

　この基本方針は、公共建築物等における木材の利用の促進に関する法律（平成22年法律第36号。以下「法」という。）第7条第1項の規定に基づき、公共建築物における木材の利用の促進の意義及び基本的方向、公共建築物における木材の利用の促進のための施策に関する基本的事項、国が整備する公共建築物における木材の利用の目標、基本方針に基づき各省各庁の長が定める公共建築物における木材の利用の促進のための計画に関する基本的事項、公共建築物の整備の用に供する木材の適切な供給の確保に関する基本的事項等を定めるものである。

第1　公共建築物における木材の利用の促進の意義及び基本的方向

1　公共建築物における木材の利用の促進の意義

（1）木材の利用の促進の意義

　　森林は、国土の保全、水源のかん養、自然環境の保全、公衆の保健、地球温暖化の防止、林産物の供給等の多面的な機能の発揮を通じて、国民生活及び国民経済の安定に重要な役割を担っており、森林の適正な整備及び保全を図ることにより、これら森林の有する多面的機能が持続的に発揮されることが極めて重要である。

　　しかしながら、戦後植林された人工林資源が利用可能な段階を迎えつつある一方、これら資源の利用は低調であり、木材価格も低迷していること等から、林業生産活動は停滞し、森林の有する多面的機能の低下が懸念される状況となっている。

　　このような現状において、国産材（国内で生産された木材をいう。以下同じ。）の需要を拡大することは、林業の再生を通じた森林の適正な整備につながり、森林の有する多面的機能の持続的な発揮や

山村をはじめとする地域の経済の活性化にも資するものである。

　また、木材は、断熱性、調湿性等に優れ、紫外線を吸収する効果や衝撃を緩和する効果が高い等の性質を有するほか、製造時のエネルギー消費が小さく、長期間にわたって炭素を貯蔵できる資材である。さらに、木材は再生可能な資源であり、エネルギー源として燃やしても大気中の二酸化炭素の濃度に影響を与えない「カーボンニュートラル」な特性を有する資材である。

　このため、木材の利用を促進することにより、健康的で温もりのある快適な生活空間の形成や、二酸化炭素の排出の抑制及び建築物等における炭素の蓄積の増大を通じた地球温暖化の防止及び循環型社会の形成にも貢献することが期待される。

（２）公共建築物における木材の利用の促進の効果

　公共建築物については、木造率が低いなど木材の利用が低位にとどまっていることから、木材の利用の拡大を図る余地が大きく、潜在的な木材の需要が期待できる。

　また、公共建築物は、広く国民一般の利用に供されるものであることから、木材の利用の促進を通じ、これら公共建築物を利用する多くの国民に対して、木と触れ合い木の良さを実感する機会を幅広く提供することが可能である。とりわけ、国及び地方公共団体が、その整備する公共建築物における木材の利用に努め、その取組状況や効果等について積極的に情報発信を行うことにより、木材の特性やその利用の促進の意義について国民の理解の醸成を効果的に図ることができる。

　このようなことから、公共建築物に重点を置いて木材の利用の促進を図ることにより、公共建築物における木材の利用の拡大という直接的な効果はもとより、公共建築物以外の住宅等の一般建築物における木材の利用の促進、さらには建築物以外の工作物の資材、各種製品の原材料及びエネルギー源としての木材の利用の拡大といっ

た波及効果も期待できる。
2　公共建築物における木材の利用の促進の基本的方向
　公共建築物の整備においては、過去、森林資源の枯渇への懸念や不燃化の徹底等から木材の利用が抑制された時期があり、現在に至っても木材の利用は低位にとどまっている。

　このため、1の公共建築物における木材の利用の促進の意義を踏まえ、非木造化を指向してきた過去の考え方を抜本的に転換し、公共建築物については可能な限り木造化又は内装等の木質化（注）を図るとの考え方の下で、以下の基本的方向に沿って公共建築物における木材の利用の促進を図るものとする。

（1）国の取組

　　国は、法第3条に規定する国の責務を踏まえ、自ら率先してその整備する公共建築物における木材の利用に努めるとともに、公共建築物における木材の利用の促進に関する施策を総合的に策定し、及び実施するなど、公共建築物における木材の利用の促進を図る上で主導的な役割を果たすことが求められている。

　　このため、各省各庁の長は、法第7条第2項第4号に規定する公共建築物における木材の利用の促進のための計画（以下「各省計画」という。）を速やかに作成し、率先して公共建築物における木材の利用に努めるとともに、相互に連携し、地方公共団体その他の関係者の協力も得つつ、公共建築物における木材の利用の促進に関する施策の効果的な推進を図るものとする。

　　また、国は、公共建築物における木材の利用の促進に当たっては、公共建築物の整備の用に供する木材が適切に供給されることが重要であることにかんがみ、地方公共団体、木材製造業者その他の関係者の協力を得つつ、当該木材の品質の確保や安定的な供給の確保に必要な施策を講ずるよう努めるものとする。

　　さらに、農林水産大臣及び国土交通大臣は、法第7条第7項の規

定に基づき、第3の国が整備する公共建築物における木材の利用の目標の達成に向けた取組の内容、当該目標の達成状況その他の本基本方針に基づく公共建築物における木材の利用の促進に向けた措置の実施状況を毎年1回取りまとめるとともに、当該実施状況を踏まえて講ずべき措置と併せ公表するものとする。これにより、公共建築物における木材の利用のより効果的な促進に資することはもとより、公共建築物における木材の利用以外の木材の利用の促進にもつなげていくものとする。

（2）地方公共団体の役割

地方公共団体は、法第4条に規定する地方公共団体の責務を踏まえ、当該地方公共団体の区域内の公共建築物における木材の利用の促進に向け、地域の実情を踏まえた効果的な施策の推進に積極的な役割を果たすことが求められる。

このため、地方公共団体は、積極的に法第8条に規定する都道府県の区域内の公共建築物における木材の利用の促進に関する方針（以下「都道府県方針」という。）又は法第9条に規定する市町村の区域内の公共建築物における木材の利用の促進に関する方針（以下「市町村方針」という。）を作成することが期待される。

また、地方公共団体は、その整備する公共建築物における木材の利用の促進に取り組むほか、都道府県方針又は市町村方針を作成した場合には、その公表に努めるとともに、当該方針に基づく公共建築物における木材の利用の促進に向けた措置の実施状況を積極的に明らかにするよう努めるものとする。

さらに、地方公共団体においては都道府県と市町村相互の連携を緊密にすることにより、例えば木材の調達について区域内の情報を提供するなど、木材の利用に取り組みやすい体制整備に努めるものとする。

（3）関係者の適切な役割分担と関係者相互の連携

国又は地方公共団体以外の者であって公共建築物を整備する者、林業従事者、木材製造業者その他の関係者は、本基本方針及び都道府県方針又は市町村方針を踏まえ、国又は地方公共団体が実施する施策に協力して、適切な役割分担の下、相互に連携を図りながら、公共建築物における木材の利用の促進及び公共建築物の整備の用に供する木材の適切な供給の確保に努めるものとする。

　例えば、公共建築物を整備する者にあっては、公共建築物における木材の利用の意義等についての理解を深めるとともに、その整備する公共建築物において積極的に木材を利用するよう努めるものとする。また、木材製造業者その他の木材の生産又は供給に携わる者、建築物における木材の利用の促進に取り組む設計者等にあっては、国又は地方公共団体を含め、相互に連携しつつ、公共建築物を整備する者のニーズを的確に把握するとともに、これらニーズに対応した高品質で安価な木材の供給及びその品質、価格等に関する正確な情報の提供、木材の具体的な利用方法の提案等に努めるものとする。

（４）木材の供給及び利用と森林の適正な整備の両立

　公共建築物における木材の利用の促進に当たっては、森林の有する多面的機能の発揮と木材の安定的な供給とが調和した森林資源の持続的かつ循環的な利用を促進するため、無秩序な伐採を防止するとともに的確な再造林を確保するなど、木材の供給及び利用と森林の適正な整備の両立を図ることが重要である。

　このため、林業従事者、木材製造業者その他の関係者は、国又は地方公共団体が講ずる関連施策に協力しつつ、森林法（昭和26年法律第249号）に基づく森林計画等に従った伐採及び伐採後の再造林等の適切な森林施業の確保並びに間伐材及び合法性等の証明された木材（国等による環境物品等の調達の推進等に関する法律（平成12年法律第100号。以下「グリーン購入法」という。）第６条第２項第２号に規定する特定調達品目に該当するものについては、その判断

の基準を満たす物品等）等の円滑な供給の確保を図るものとする。

　　また、公共建築物を整備する者は、その整備する公共建築物において木材を利用するに当たっては、グリーン購入法第2条第1項に規定する環境物品等に該当するものを選択するよう努めるものとする。

（5）国民の理解の醸成

　　国及び地方公共団体は、公共建築物における木材の利用を効果的に促進するとともに木材の利用の促進に向けた国民各層の自発的な努力を促していくためには、木材の利用の促進に関する国民の理解の醸成が不可欠であることを踏まえ、公共建築物における木材の利用の促進の意義等について国民に分かりやすく示すよう努めるものとする。

（注）この基本方針において「木造化」とは、建築物の新築、増築又は改築に当たり、構造耐力上主要な部分である壁、柱、梁、けた、小屋組み等の全部又は一部に木材を利用することをいい、「内装等の木質化」とは、建築物の新築、増築、改築又は模様替に当たり、天井、床、壁、窓枠等の室内に面する部分及び外壁等の屋外に面する部分に木材を利用することをいう。

第2　公共建築物における木材の利用の促進のための施策に関する基本的事項

1　木材の利用を促進すべき公共建築物

　　法に基づき木材の利用を促進すべき公共建築物は、法第2条第1項各号及び法施行令（平成22年政令第203号）第1条各号に掲げる建築物であり、具体的には、以下のような建築物が含まれる。

（1）国又は地方公共団体が整備する公共の用又は公用に供する建築物

　　これらの建築物には、広く国民一般の利用に供される学校、社会福祉施設（老人ホーム、保育所等）、病院・診療所、運動施設（体

育館、水泳場等)、社会教育施設(図書館、公民館等)、公営住宅等の建築物のほか、国又は地方公共団体の事務・事業又は職員の住居の用に供される庁舎、公務員宿舎等が含まれる。

(2) 国又は地方公共団体以外の者が整備する(1)に準ずる建築物

　　これらの建築物には、国又は地方公共団体以外の者が整備する建築物であって、当該建築物を活用して実施される事業が、広く国民に利用され、国民の文化・福祉の向上に資するなど公共性が高いと認められる学校、社会福祉施設(老人ホーム、保育所、福祉ホーム等)、病院・診療所、運動施設(体育館、水泳場等)、社会教育施設(図書館、青年の家等)、公共交通機関の旅客施設及び高速道路の休憩所(併設される商業施設を除く。)の建築物が含まれる。

2　公共建築物における木材の利用の促進のための施策の具体的方向

　　公共建築物における木材の利用の促進に当たっては、建築材料としての木材の利用はもとより、建築材料以外の各種製品の原材料及びエネルギー源としての木材の利用も併せてその促進を図るものとする。

　　具体的には、建築材料としての木材の利用の促進の観点からは、特に3の積極的に木造化を促進する公共建築物の範囲に該当するものについて木造化を促進するとともに、木造化が困難と判断されるものを含め、内装等の木質化を促進する。

　　また、建築材料以外の木材の利用の促進の観点からは、公共建築物において使用される机、いす、書棚等の備品及び紙類、文具類等の消耗品について、木材をその原材料として使用したものの利用の促進を図る。さらに、木質バイオマスを燃料とする暖房器具やボイラーの導入について、木質バイオマスの安定的な供給の確保や公共建築物の適切な維持管理の必要性を考慮しつつ、その促進を図るものとする。

　　このため、国及び地方公共団体は、第1の2の公共建築物における木材の利用の促進の基本的方向を踏まえ、関係者の適切な役割分担と関係者相互の連携の促進を図りつつ、法に基づく木材製造の高度化に

関する計画の認定、公共建築物における木材の利用を担う設計者や木材の加工技術者その他の人材の育成、強度や耐火性に優れた木材や木材を利用した建築工法等に関する研究及び技術の開発・普及、公共建築物の利用に適した木材の供給体制の整備、公共建築物における木材の利用の具体的な事例や建築コスト、木材の調達方法等に関する情報の収集・分析・提供その他の施策の総合的な展開が図られるよう努めるものとする。

また、国及び地方公共団体は、カーボン・フットプリント（CFP）やライフサイクル・アセスメント（LCA）等を活用し、国産材その他の木材の利用の促進が森林の適正な整備や地球温暖化の防止に及ぼす効果を定量的・客観的に示す手法の開発・普及、公共建築物における木材の利用がその利用者の心理面、情緒面及び健康面に及ぼす効果に関する調査研究等に努めるものとする。

なお、公共建築物における木材の利用の促進に当たっては、世界貿易機関（WTO）政府調達協定その他の国際約束との整合性に十分配慮し、国際貿易に対する不必要な障害とならないように留意するものとする。

3　積極的に木造化を促進する公共建築物の範囲

木造建築物をめぐっては、平成12年の建築基準法（昭和25年法律第201号）の改正により、一定の性能を満たせば建築が可能となる、いわゆる性能規定化が進み、特に高い耐火性能が求められる耐火建築物においても、国土交通大臣の認定を受けた構造方式を採用するなどにより木造化することが可能となるなど、木造建築の可能性が大きく広がっている。

しかしながら、中高層の建築物や面積規模の大きい建築物においては、求められる強度、耐火性等の性能を満たすために極めて断面積の大きな木材を使用する必要があるなど、現状では、構造計画やコストの面で木造化が困難な場合もあり、特に構造計画の面では、更なる技

公共建築物における木材の利用の促進に関する基本方針

術的な知見の蓄積が必要な状況にある。

　このため、公共建築物の整備においては、１の木材の利用を促進すべき公共建築物のうち、建築基準法その他の法令に基づく基準において耐火建築物とすること又は主要構造部を耐火構造とすることが求められていない低層の公共建築物において、積極的に木造化を促進するものとする。

　この場合、木造と非木造の混構造とすることが、純木造とする場合に比較して耐火性能や構造強度の確保、建築設計の自由度等の観点から有利な場合もあることから、その採用も積極的に検討しつつ木造化を促進するものとする。

　ただし、災害時の活動拠点室等を有する災害応急対策活動に必要な施設、刑務所等の収容施設、治安上又は防衛上の目的等から木造以外の構造とすべき施設、危険物を貯蔵又は使用する施設等のほか、伝統的建築物その他の文化的価値の高い建築物又は博物館内の文化財を収蔵し、若しくは展示する施設など、当該建築物に求められる機能等の観点から、木造化になじまない又は木造化を図ることが困難であると判断されるものについては木造化を促進する対象としないものとする。

　なお、建築基準法における３階建ての木造の学校や延べ面積3,000平方メートルを超える建築物に係る規制に関し、「規制・制度改革に係る対処方針」（平成22年６月18日閣議決定）において、「耐火構造が義務付けられる延べ面積基準及び、学校などの特殊建築物に係る階数基準については、木材の耐火性等に関する研究の成果等を踏まえて、必要な見直しを行う。＜平成22年度中検討開始、結論を得次第措置＞」とされていることから、当該規制の見直しに係る公共建築物についても、積極的に木造化を促進するものとする。

　また、建築基準法等において耐火建築物とすること又は主要構造部を耐火構造とすることが求められる公共建築物であっても、木材の耐火性等に関する技術開発の推進や木造化に係るコスト面の課題の解決

状況等を踏まえ、木造化が可能と判断されるものについては木造化を図るよう努めるものとする。

第3　国が整備する公共建築物における木材の利用の目標

　国は、その整備する公共建築物のうち、第2の3の積極的に木造化を促進する公共建築物の範囲に該当する低層の公共建築物について、原則としてすべて木造化を図るものとする。

　また、国は、その整備する公共建築物について、高層・低層にかかわらず、エントランスホール、情報公開窓口、広報・消費者対応窓口等のほか、記者会見場、大臣その他の幹部職員の執務室など、直接又は報道機関等を通じて間接的に国民の目に触れる機会が多いと考えられる部分を中心に、内装等の木質化を図ることが適切と判断される部分について、内装等の木質化を促進するものとする。

　さらに、国は、その整備するすべての公共建築物において、木材を原材料として使用した備品及び消耗品の利用を促進するほか、暖房器具やボイラーを設置する場合は、木質バイオマスを燃料とするものの導入に努めるものとする。

　なお、国がその整備する公共建築物において利用する木材（木材を原材料として使用した製品を含む。）のうち、グリーン購入法に規定する特定調達品目に該当するものについては、原則として、すべてのものをグリーン購入法第6条第1項の環境物品等の調達の推進に関する基本方針に示された判断の基準を満たすものとすることを目標とする。

第4　基本方針に基づき各省各庁の長が定める公共建築物における木材の利用の促進のための計画に関する基本的事項

　各省計画においては、本基本方針を踏まえ、国が整備する公共建築物のうち各省各庁の長の所管に属するものにおける木材の利用の促進

が効果的に図られることを旨として、以下の事項を定めるものとする。
（1）所管に属する公共建築物における木材の利用の方針
　　　所管に属する公共建築物に求められる機能、各省各庁が所掌する事務又は事業の性質等を勘案し、当該公共建築物の木造化及び内装等の木質化、当該公共建築物における木材を原材料として使用した備品及び消耗品の利用並びに木質バイオマスの利用の方針を定めるものとする。
（2）所管に属する公共建築物における木材の利用の目標
　　　第3の国が整備する公共建築物における木材の利用の目標及び（1）の方針を踏まえ、木造化を図る公共建築物の範囲や重点的に内装等の木質化を促進する公共建築物の部分、利用の促進を図る木製の備品等の種類を明確にするなどにより、可能な限り具体的に記載するものとする。
（3）その他各省計画に基づく取組の推進のために必要な事項
　　　各省各庁における各省計画に基づく取組の推進体制等について定めるものとする。

第5　公共建築物の整備の用に供する木材の適切な供給の確保に関する基本的事項

1　木材の供給に携わる者の責務

　　公共建築物における木材の利用の促進を図るためには、柱と柱の間隔（スパン）が長い、天井が高いといった公共建築物の構造的特性に対応した長尺・大断面の木材等の公共建築物における利用に適した木材及び合法性等が証明された木材が、低コストで円滑に供給される必要がある。
　　このため、森林所有者や素材生産業者等の林業従事者、木材製造業者その他の木材の供給に携わる者が連携して、林内路網の整備、林業機械の導入、施業の集約化等による林業の生産性の向上、木材の需給

に関する情報の共有及び木材の安定的な供給・調達に関する合意形成の促進、公共建築物の整備における木材の利用の動向やニーズに応じた木材の適切な供給のための木材の製造の高度化及び流通の合理化、合法性等が証明された木材の供給体制の整備等に取り組むものとする。

また、国は、地方公共団体とも連携し、これら木材の供給に携わる関係者の取組を促進するため、法第10条に規定する木材製造の高度化に関する計画の認定制度の的確な運用をはじめとする必要な施策の着実な推進を図るものとする。

2 木材製造の高度化に関する計画に関する事項

法第10条に規定する木材製造の高度化に関する計画の内容は、以下のすべてを満たすものとする。

（1）木材製造の高度化の目標及び内容（公共建築物の整備の用に供する木材の製造の用に供する施設を整備しようとする場合にあっては、当該施設の種類及び規模を含む。以下同じ。）

木材製造の高度化の目標については、当該木材製造の高度化に取り組む結果、公共建築物の整備の用に供する木材の供給の担い手として十分な能力を有することとなるよう、具体的に定められていること。

また、木材製造の高度化の内容については、公共建築物の整備の用に供する木材の製造の用に供する施設の整備その他の木材製造の高度化のために講ずる措置及び当該措置の実施体制について具体的に定められているとともに、当該措置について、年次計画が具体的に記載されたものであること。

なお、木材製造の高度化の内容は、以下を満たすものであること。

① 現有の施設・機械の活用を含め、公共建築物における利用に適した木材の適切な供給に必要な製造能力を有する種類及び規模の施設・機械の整備が図られるものであること。

② 森林の適正な整備を図る上で支障のない木材の確実な供給のた

め、原木の調達に当たって合法性等に係る証明の確認の徹底等が図られるものであること。
③　木材製造の高度化に関する目標の達成に必要な知識又は技術を有する人材の確保等が図られるものであること。
④　建築基準法に基づくシックハウス対策等に係る建築材料に該当する木材を製造する場合にあっては、当該木材の製造に当たり、適切なシックハウス対策を講ずるために必要な施設の整備及び人材の確保等が図られるものであること。

（2）木材製造の高度化の実施期間
　　5年以内であること。なお、木材製造の高度化の実施期間は、木材製造の高度化のために講ずる措置のすべてを実施し、木材製造の高度化の目標を達成するのに要する期間とする。

（3）木材製造の高度化を実施するために必要な資金の額及びその調達方法
　　木材製造の高度化のために講ずる措置のすべてを実施するのに十分な資金が、当該措置を講じようとする時期（年次）に適切に調達できると見込まれるものであること。

3　公共建築物の整備の用に供する木材の生産に関する技術の開発等に関する事項

　　木材製造業者その他の木材の生産に携わる者は、強度や耐火性に優れる等の品質・性能の高い木質部材の生産及び供給や木材を利用した建築工法等に関する研究及び技術の開発に積極的に取り組むものとする。

　　また、国は、法第14条の規定に基づく国有の試験研究施設に係る使用料の減額のほか、新たな製品の開発や高性能な木材製品の製造に資する施設・機械の整備に対する支援に努め、木材の利用の促進に関する研究及び技術の開発・普及の促進を図るとともに、木材の加工技術者等の人材育成に必要な施策を推進するものとする。

第6 その他公共建築物における木材の利用の促進に関する重要事項

1 都道府県方針又は市町村方針の作成に関する事項

　地方公共団体は、都道府県方針又は市町村方針を作成する場合においては、この基本方針（市町村方針を作成する場合にあっては、当該市町村の区域をその区域に含む都道府県が定める都道府県方針）に即し、地域の実情及び関係者の役割分担等も踏まえて、当該地方公共団体の区域内の公共建築物における木材の利用の促進のために講ずるべき施策等について具体的に記述するものとする。

　この場合、これら施策と学校教育や社会教育、社会福祉、医療、都市計画、住宅・建築など公共建築物の整備に関連する分野の施策との調和・連携の確保、必ずしも都道府県又は市町村の区域にとどまらない広域的な視点に立った木材の効率的かつ安定的な供給体制の整備、森林法に基づく地域森林計画、市町村森林整備計画等に即した森林の適正な整備の推進等に留意する必要がある。

　また、都道府県又は市町村以外の者が整備する公共建築物においても積極的に木材が利用されるよう、これら都道府県又は市町村以外の公共建築物の整備主体に対し、木材の利用の促進を幅広く呼びかけ、その理解と協力を得るよう留意する必要がある。

　なお、都道府県又は市町村が整備する公共建築物における木材の利用の目標については、木造化を図る公共建築物の範囲や重点的に内装等の木質化を促進する公共建築物の部分、利用の促進を図る木製の備品等の種類を明確にするなどにより、可能な限り具体的に記載するものとする。

2 公共建築物の整備等においてコスト面で考慮すべき事項

　公共建築物の整備において木材を利用するに当たっては、一般に流通している木材を使用する等の設計上の工夫や効率的な木材調達等に

よって、建設コストの適正な管理を図ることが重要である。

　また、公共建築物の整備に当たっては、建設自体に伴うコストにとどまらず、維持管理及び解体・廃棄等のコストについても考慮する必要がある。

　このため、公共建築物を整備する者は、部材の点検・補修・交換が容易な構造とする等の設計上の工夫により維持管理コストの低減を図ることを含め、その計画・設計等の段階から、建設コストのみならず維持管理及び解体・廃棄等のコストを含むライフサイクルコストについて十分検討するとともに、利用者のニーズや木材の利用による付加価値等も考慮し、これらを総合的に判断した上で、木材の利用に努めるものとする。

　また、備品や消耗品についても、購入コストや、木材の利用の意義や効果を総合的に判断するものとする。

　さらに、公共建築物における木質バイオマスを燃料とする暖房器具やボイラーの導入に当たっては、当該暖房器具やボイラー（これらに付随する燃料保管施設等を含む。）の導入及び燃料の調達に要するコストのみならず、燃焼灰の処分を含む維持管理に要するコスト及びその体制についても考慮する必要がある。

3　公共建築物における木材の利用の促進のための体制の整備に関する事項

　公共建築物における木材の利用の促進を効果的に図っていくため、各省各庁間の円滑な連絡調整、公共建築物における木材の利用の促進に向けた措置の検討等を行う関係省庁等連絡会議を設置する。

木材製造高度化計画等認定事務取扱要領

平成22年10月4日付け22林政産第79号林野庁長官通知

第1 趣旨

　　公共建築物等における木材の利用の促進に関する法律（平成22年法律第36号。以下「法」という。）の施行及び公共建築物における木材の利用の促進に関する基本方針（平成22年10月4日農林水産省・国土交通省告示第3号。以下「基本方針」という。）の制定に伴い、同法に定める木材製造の高度化に関する計画（以下「木材製造高度化計画」という。）の認定、林業・木材産業改善資金助成法（昭和51年法律第42号）の特例措置、森林法（昭和26年法律第249号）の特例措置、木材の生産に関する試験研究に係る認定審査の留意事項、認定事業者に対する報告徴収等を定めるものとする。

第2 木材製造高度化計画の認定

1 木材製造高度化計画の申請書類

（1）公共建築物等における木材の利用の促進に関する法律施行規則（平成22年農林水産省令第51号。以下「規則」という。）第1条第2項第4号に定める開発行為に係る森林の位置図及び区域図並びに開発行為に関する計画書は、森林法第10条の2第1項の規定による開発行為（以下「開発行為」という。）に係る森林の所在地を管轄する都道府県知事が条例、規則、要領等に定める開発行為の審査に必要な書類とする。なお、開発行為をしようとする者が法人でない団体である場合には、代表者の氏名並びに規約その他当該団体の組織及び運営に関する定めを記載した書類を添付するものとする。

（2）法第11条第2項に定める軽微な変更の届出の様式は、別記様式第

1号とする。
2　木材製造高度化計画の審査に当たっての留意事項
　農林水産大臣は、木材製造高度化計画の認定及び変更の認定に当たっては、以下の点に留意して審査を行うものとする。
（1）木材製造の高度化の目標
　　木材製造の高度化（以下「高度化」という。）に取り組む結果、公共建築物の整備の用に供する木材の供給の担い手として十分な能力を有する木材製造業者となることを明示するため、製造する木材の種類ごとの寸法精度、乾燥度合等品質・性能、適切な規模・生産能力の施設及び合法性等が証明された原木等の調達・管理を含めた安定供給の体制及びこれらを達成するために必要な人材の確保等について具体的に記載されていること。
（2）高度化の内容
ア　（1）の目標達成に向け、以下の事項についての現状と高度化の実施期間（以下「実施期間」という。）内の年度別の取組について、具体的に記載されていること。
　（ア）木材の製造の用に供する主な施設・機械の種類及び規模、並びにその施設・機械によって製造される木材の品質・性能の特性が記載され、次の具体的な措置が講じられること。
　　①　公共建築物の整備に適した品質・性能を有する木材を安定的に供給できること。
　　②　品質・性能を確認するために必要な含水率測定用具等製造する木材の種類に応じた機械器具が整備されること。これら設備を自らが保有しない場合には、検査機関との連携等によりこれを補完する措置が講じられること。
　　③　ホルムアルデヒド発散建築材料として規制の対象となっている木材を製造する場合はJAS認定等を取得すること。その他シックハウス対策については業界団体等の自主的な表示制

度の取組や専門機関の所見等を踏まえた具体の措置が講じられること。
（イ）原木及び一次製品の調達及び製造品の管理に当たっては、国等による環境物品等の調達の推進等に関する法律（平成12年法律第100号）第6条第2項2号に規定する特定調達物品等に該当するための「判断の基準」及び林野庁が策定した「木材・木材製品の合法性、持続可能性の証明のためのガイドライン」を踏まえた合法木材の使用に係る次の具体的な措置が講じられること。
　① 原木等の調達に当たっては合法性等に係る証明（認証）のある木材が確保されること。
　② 事業所内において証明（認証）がある木材とこれがない木材との分別管理の体制等についての措置がされること。
（ウ）製造する木材の種類に応じて、シックハウス対策も踏まえた品質・性能の確保に必要な研修実績、取得資格等を有する人材が確保されること。
（エ）その他（1）の目標を達成するために必要な措置が講じられること。
イ　アに係る高度化の取組に必要な実施体制が整備されること。
ウ　高度化の目標と内容との整合性がとれていること。
エ　高度化の目標を達成するために、十分な実施期間が設定されていること。
オ　高度化を実施するために必要な資金の額とその調達方法が適切であること。
（3）開発行為に係る内容
　施設の整備のために開発行為を行おうとする場合、当該開発行為に係る森林の所在地を管轄する都道府県知事が条例、規則、要領等に定める開発行為の許可基準に適合していること。

3　認定結果の通知

（1）農林水産大臣は、申請のあった木材製造高度化計画を認定した場合にあっては別記様式第2号により、認定しなかった場合にあっては別記様式第3号により、それぞれ申請者に通知するものとする。

（2）農林水産大臣は、法第10条第4項の規定に基づいて都道府県知事に協議した場合、認定結果を別記様式第4号により協議した都道府県知事に通知するものとする。

第3　林業・木材産業改善資金助成法の特例

（1）特例の対象者

　　林業・木材産業改善資金助成法第3条第1項に定める林業従事者等であって、認定木材製造業者であるものとする。

（2）貸付けの条件

　　認定木材製造業者が、林業・木材産業改善資金を借り受ける場合においては、その償還期間は、林業・木材産業改善資金助成法第5条第1項の規定にかかわらず、12年以内（3年以内の据置期間を含む。）とする。

（3）貸付資格の認定

　　林業・木材産業改善資金の貸付けを受けようとする認定木材製造業者は、第2の3に定める木材製造高度化計画に係る認定通知書の写しを都道府県知事が定める林業・木材産業改善資金の貸付資格の認定申請書に添え、都道府県知事に提出して、当該貸付けを受けることが適当である旨の認定を受けるものとする。

（4）留意事項

　　木材製造高度化計画の認定を受けたとしても、林業・木材産業改善資金の貸付けを必ず受けられるとは限らないことに留意するものとする。

第4　森林法の特例

（1）特例の対象者

認定木材製造高度化計画に従って法第10条第2項第3号の施設を整備するために開発行為を行おうとする認定木材製造業者とする。
（2）特例の内容

認定木材製造業者が認定木材製造高度化計画に従って法第10条第2項第3号の施設を整備するために開発行為を行う場合は、森林法第10条の2第1項の許可があったものとみなすことから、改めて都道府県知事の許可を得る必要はない。

なお、上記の開発行為を行う場合において、森林法第10条の2第1項の許可に関して都道府県知事が条例、規則、要領等に定める完了検査等の取扱いは、同項の許可を受けた場合と同様とする。
（3）留意事項

開発行為を含む木材製造高度化計画を申請しようとする者は、審査等を迅速かつ円滑に行う観点から、当該開発行為に係る森林の所在地を管轄する都道府県に対し、当該開発行為に関する申請について、事前の相談等を行うものとする。

第5　公共建築物の整備の用に供する木材の生産に関する試験研究に係る認定審査における留意事項

公共建築物等における木材の利用の促進に関する法律施行令（平成22年政令第203号）第3条第2項に規定する試験研究に係る認定に当たっては、以下の点に留意して審査を行うものとする。

（1）認定を受けようとする試験研究が、特定の事業者の利益に直接結びつかない公共性・公益性の高い取組であること。

（2）認定を受けようとする試験研究が、公共建築物における木材利用の促進の観点から、波及効果が見込まれるものであること。

（3）認定を受けようとする試験研究が、申請書に記載された国有の試験研究施設を使用することが特に必要であることについて、合理的に説明されているものであること。

（４）認定を受けようとする試験研究が、申請書に記載された国有の試験研究施設側の施設能力や日程の都合等から、受入れ可能であるかについて、事前に国有施設管理者と調整が図られているものであること。

（５）認定を受けようとする者が、人員や設備、実績等から、その認定を受けようとする試験研究を行うために必要な技術的能力を有していると判断されること。

第6 認定事業者に対する報告徴収等

1 報告徴収

（１）認定事業者は、法第15条に基づく実施状況の報告を別記様式第５号により行うものとする。

（２）（１）の報告は、実施期間内の毎年度の実績を記載し、翌年度の５月末日までに提出してするものとする。ただし、実施期間最終年度においては、実施期間の終了の日から起算して２か月を経過した日までに提出してするものとする。

2 認定事業者に対する指導及び認定の取消し

（１）農林水産大臣は、報告徴収等により、認定後１年を経過してもなお高度化に着手していないなど、高度化が適切に実施されていないと認められる場合には、認定事業者に対し適切な指導を行うものとする。

（２）（１）の指導を行ったにもかかわらず、なお事業に着手しないなど高度化計画の適切な実行が見込まれない場合には、行政手続法等関係法令により手続をし、法第１１条第３項の規定に基づき認定を取り消し、その旨を別記様式第６号により認定事業者に通知するものとする。

（３）（２）の取消しを行う場合であって、当該認定高度化計画が法第10条第４項の規定に基づいて都道府県知事に協議したものである場合は、農林水産大臣は取消しの結果を別記様式第７号により協議した都道府県知事に通知するものとする。

第3部　参考資料

別記様式第1号
　　　木材製造高度化計画の軽微な変更に係る届出書

　　　　　　　　　　　　　　　　　　　　　　年　月　日

農林水産大臣名　殿

　　　　　　　　　　申請者
　　　　　　　　　　住　　所
　　　　　　　　　　名　称　及　び
　　　　　　　　　　代表者の氏名
　　　　　　　　　　（個人の場合は氏名）　　　　印

　　年　月　日付けで認定を受けた木材製造高度化計画について、下記のとおり変更したので、公共建築物等における木材の利用の促進に関する法律第11条第2項の規定に基づき、変更を届け出ます。

　　　　　　　　　　　記

1　変更事項の内容

2　変更理由

（備考）
1　変更事項の内容については、変更前と変更後を対比して記載すること。
2　用紙の大きさは、日本工業規格A4とし、記名押印については、氏名を自署する場合、押印を省略することができる。

別記様式第2号

　　　　　　　　　　　　　　　　　　　　　　番　　　号
　　　　　　　　　　　　　　　　　　　　　　年　月　日

　　申請者
　　名　称　及　び
　　代表者の氏名
　　（個人の場合は氏名）

　　　　　　　　　　　　　　　　　　　　農林水産大臣

　　　　　　木材製造高度化計画に係る認定通知書

　　平成　年　月　日付けで認定申請のあった木材製造高度化計画については、公共建築物等における木材の利用の促進に関する法律第10条第3項の規定に基づき認定する。

別記様式第3号

　　　　　　　　　　　　　　　　　　　　　　　番　　　号
　　　　　　　　　　　　　　　　　　　　　　　年　月　日

　申請者
　名　称　及　び
　代表者の氏名
　（個人の場合は氏名）

　　　　　　　　　　　　　　　　　　　　農林水産大臣

　　　　　　　　木材製造高度化計画に係る不認定通知書

　平成　年　月　日付けで認定申請のあった木材製造高度化計画について
は、下記理由により認定しないこととする。

　　　　　　　　　　　　　　記

　　不認定の理由

別記様式第4号

　　　　　　　　　　　　　　　　　　　　　　　番　　　号
　　　　　　　　　　　　　　　　　　　　　　　年　月　日

　都道府県知事　殿

　　　　　　　　　　　　　　　　　　　　農林水産大臣

　　　　　　　木材製造高度化計画の認定申請の結果について

　平成　年　月　日付けで　から認定申請のあった木材製造高度化計画に
ついては、別添のとおり決定したので通知する。

別記様式第5号

年　月　日

農林水産大臣名　殿

　　　　　　　　　　　　　　　申請者
　　　　　　　　　　　　　　　住　　　　所
　　　　　　　　　　　　　　　名　称　及　び
　　　　　　　　　　　　　　　代表者の氏名
　　　　　　　　　　　　　　　（個人の場合は氏名）　　　　　印

平成　年度木材製造高度化計画実施状況報告書

　木材製造高度化計画の認定等事務取扱要領（平成22年10月4日付け22林政産第79号林野庁長官通知）第6の1の（1）の規定に基づき、下記のとおり報告します。

記

1　高度化の措置の実施状況

措置の内容	実績	備考

注）1　実績の欄には、「実施済み」「実施中」「未実施」等を記載する。
　　2　年度末時点又は実施期間終了時点の実施状況について記載する。

2　資金の調達状況

別紙のとおり

3　高度化に関する年度別計画の実施状況（単位：㎥、％）

製造される木材の種類	計画	実績	達成率	備考
合計				

(別紙)

木材製造の高度化を実施するために必要な資金の額及びその調達方法（　年度）

(単位：千円)

使途項目	調達先						備考
	補助金・委託費等	政府系金融機関	民間金融機関	株式、社債等	自己資金	その他	合計	
合計								

(注) 1　林業・木材産業改善資金を利用する場合には、「その他」の欄に記載すること。
　　 2　当該年度内に調達した資金について、調達先別の金額を記載する。

別記様式第6号

番　　号
年　月　日

申請者
名　称　及　び
代表者の氏名
（個人の場合は氏名）

農林水産大臣

木材製造高度化計画の認定の取消しについて

　平成　年　月　日付け　第　号で認定した木材製造高度化計画については、下記の理由により、公共建築物等における木材の利用の促進に関する法律第11条第3項の規定に基づき、その認定を取り消すこととする。

記

取消しの理由

別記様式第7号

番　　号
年　月　日

都道府県知事　殿

農林水産大臣

木材製造高度化計画の取消しについて

　平成　年　月　日付け　第　号で認定した木材製造高度化計画については、別添のとおり取り消したので通知する。

公共建築物等木材利用促進法
【主要Q&A集】

【総論】

Q1 法律の概要はどのようなものですか。

Answer

　本法は、国が公共建築物における木材の利用の促進の基本方針を策定し、「可能な限り、木造化、木質化」を進めるという方向性を明確に示し、地方公共団体や民間の事業者等に対しても国の方針に即した主体的な取組を促すものです。

　このような措置は、すべての公共建築物に一律に木造化、木質化を義務づけるものではありませんが、国が率先して木造化、木質化に努め、必要な施策を総合的に展開すること等により、公共建築物以外の建築物も含めて広く木材利用の拡大を目指すものです。

　また、公共建築物の整備に適した木材の供給を確保するため、木材製造業者が木材供給能力の向上等に取り組むための認定制度を設けています。

Q2 | これまでの木材利用推進策と何が違うのですか。

Answer

　これまでも、我が国における森林の多面的機能の発揮を図っていく観点から、住宅をはじめとする国産材の利用拡大を図るための種々の施策を実施してきました。

　今回の法律は、木材利用の最大のウェイトを占める建築物に着目し、その中で木造率が低く（床面積ベースで平成20年度7.5％）潜在的需要の大きい低層の公共建築物をターゲットとして、国が率先して木造化・木質化に努めること等により、住宅等の建築物への波及をも図り、木材需要の効果的な拡大を目指すものです。

　また、公共建築物の整備においては、長くて太い木材や乾燥材等、その整備に適した品質性能の確かな木材を円滑に供給していく必要があることから、木材製造業者の供給能力の向上を図っていくことが重要です。

　このため、本法においては、公共建築物における木材利用の促進についての基本的な方針を明らかにするとともに、公共建築物に適した木材の供給能力の向上のための支援措置を創設するものです。

Q3 | 公共建築物への木材利用の実効性をどのように確保していくのですか。

Answer

　本法に基づき国が策定する基本方針では、「低層の建築物は、原則として全て木造化を図る」という国自らの目標等を明確にしたところ

で、今後は各省各庁の長が公共建築物における木材の利用の促進のための計画（各省計画）を作成するとともに地方公共団体や民間事業者に対しても、国の方針に即した主体的な取組を促していくことになります。

また、その際には、国土交通省の官庁営繕基準に木造建築物に係る技術基準を整備するとともに、学校施設の木造化・木質化や、大規模木造建築物の整備を促進するなどの支援措置を、国土交通省をはじめ関係各省庁と緊密な連携をとりながら一体となって取組を進めていくこととしています。

Q4 本法による木材需要量の増加や自給率向上など、その効果をどの程度見込んでいるのですか。

Answer

　公共建築物の年間着工床面積のうち、約4割（平成20年度は、約600万平方メートル）が低層の公共建築物であり、このうち、木造化されているものが約100万平方メートルで、非木造のものが約500万平方メートルです。

　今回の法律により、民間の整備するものも含め低層の公共建築物で木造化されていない500万平方メートルのうち半分程度が木造化されると仮定すれば、木材需要は年間70～80万立方メートル（丸太換算）程度増加すると試算しています。（農林水産省試算）

　また、これにより、年間に着工される公共建築物の木造率は、現行8％程度から25％程度まで向上する試算です（農林水産省試算）。こうした試算のもと、木材需要の総量を平成20年度の規模程度と仮定すれば、木材自給率は1％程度向上すると試算しています。

第3部　参考資料

さらに、今回の法律により、公共建築物における木材利用が促進される直接的な効果に加え、住宅や民間企業の事務所などの一般の建築物についても、木材の利用が拡大する波及効果もあると考えています。

Q5 木造建築物は、非木造に比べてコストがかかるのではないですか。

Answer

木造で整備された公共建築物の事例を見ると、主に住宅向けに流通している一般建築物用の材を適切に使用する等の工夫により、非木造の場合よりコストが抑えられる事例も見られます。

（参考）構造別のコスト分析の事例

	平均 床面積	平均 単価	木造 床面積	木造 単価	RC造 床面積	RC造 単価	S造 床面積	S造 単価
学校の校舎	1,271	211	348	188	2,519	220	639	175
病院・診療所	1,026	232	176	187	3,012	239	812	222

注）1：出典：国土交通省「建築統計年報（平成20年度）」
　　2：床面積は㎡、単価は千円/㎡

なお、学校の木造化等に関しては、文部科学省と林野庁が共同で研究会を開催し、学校施設における木材の利用やコストの抑制等に効果があった工夫事例集「こうやって作る木の学校　～木材利用の進め方のポイント、工夫事例～」等を公表していますので、ご参照下さい。（ホームページアドレスhttp://www.rinya.maff.go.jp/j/riyou/riyou/gakkou.html）

Q6 木材製造高度化計画の認定制度が、中小木材業者の切り捨てにつながる可能性はないのですか。

Answer

　公共建築物の整備においては、長くて太い特殊な規格の木材や、強度に優れ、品質管理の行き届いた木材が大量に必要となる場合が多くあります。

　本法では、このようなニーズに対応した木材を円滑に供給するため、木材の供給能力の向上に取り組む木材製造業者の大臣認定制度を創設します。この場合、認定を受けた者は、無利子融資の林業・木材産業改善資金の償還期間を延長（10年→12年）するなどの支援が受けられます。

　認定に当たっては、中小事業者でも十分に取組が可能となるよう、
① 公共建築物の整備に適した木材を円滑に供給できること
② 合法性等が証明された木材等森林の整備・保全に配慮した木材を供給すること
などを満たす木材製造業者を認定することを想定しています。

Q7 公共建築物の木造化率が低い状況にある原因について教えて下さい。

Answer

　年間に整備される建築物のうち木造建築物の割合（平成20年度、床面積ベース、建築着工統計）は、全体で36％ですが、特に公共建築物においては7.5％と極めて低水準です。

公共建築物への木材利用が低いのは、①戦後の災害に強いまちづくりに向けた耐火性、耐震性に優れた建築物への要請、②戦後復興期の大量の伐採による森林資源の枯渇や国土保全上の問題への懸念などから、国や地方公共団体が率先して建築物の不燃化（非木造化）を進めてきたことが主たる理由の一つです。

また、長くて太い木材や強度・含水率等が明確な木材など公共建築物に適した木材の供給体制が整っていなかったこと等により、公共建築物の木材利用のニーズに対応できなかったことも要因の一つです。

このような認識に基づき、本法では、「建築物の非木造化」という方針を転換し、公共建築物について「可能なものは木造化、木質化を進める」ことを国の基本方針の中で明確に示し、国が率先して木造化等に取り組み、地方公共団体等に対しても国の方針に即した主体的な取組を促していくことをねらいとしています。

Q8 本法の対象となる公共建築物の範囲はどのようなものですか。

Answer

本法の対象となる公共建築物は、①国や地方公共団体が整備するすべての建築物（公共の用又は公用に供する建築物）のほか、②民間が整備する建築物のうち、学校、老人ホーム等広く国民一般が利用する公共性の高い建築物（①に準ずるもの）とされています。

政令第203号（公共建築物等における木材の利用の促進に関する法律施行令）にて以下のように制定されています。

① 学校
② 老人ホーム、保育所などの社会福祉施設
③ 病院などの医療施設

④　体育館など運動施設
⑤　図書館などの社会教育施設
⑥　鉄道の駅などの公共交通機関の旅客施設
⑦　高速道路のサービスエリア等の休憩所
　　　（注）「民間」には独立行政法人、国立大学法人等を含む。

Q9 建築物への木材利用に当たって、建築基準法に基づく規制があるために困ることはないのですか。

Answer

　平成12年に建築基準法を改正し、建築基準の性能規定化を行った結果、現在では、必要な耐火性能の確保により安全性が確認されれば、様々な建築物について木造とすることを可能とするなど、規制の合理化に努めてきました。

　必要な耐火性能について、部材レベルでの工夫や設計レベルでの工夫を行った上で性能評価試験や専門家による評価を受ければ、国土交通大臣が認定することにより、様々な建築物を木造とすることが可能です。

　これまでにも、比重の重い木材を組み合わせた木造の耐火構造や、大規模ドームの屋根を木造とした耐火建築物などが大臣認定されております。

　また、林野庁では、耐火性能の高い木材製品、耐火建築物に関する技術開発や実用化への支援等を実施し、技術革新に取り組んでいるところです。

第3部　参考資料

> **Q10** 「森林・林業再生プラン」に基づく政策全体の見直しの中で、本法律はどう位置づけられるのですか。

Answer

　我が国の森林資源は、利用期を迎えており、その適切な利用を図ることにより、林業の持続的かつ健全な発展と適正な森林の整備を推進することが急務です。

　そのためには、国産材、特に主伐材に対する実需をできる限り早く創出し、その需要に対し的確に対応することが効果的です。

　林野庁としては、こうした問題意識に基づき、平成21年12月に作成した「森林・林業再生プラン」にのっとり、林政の抜本改革に着手したところであり、平成22年11月を目途に、川上から川下に至る総合的な改革の方策をとりまとめる予定です。

　今回の法律は、総合的な改革案をとりまとめるまでの間に実施可能なものとして、木材利用の最大のウェイトを占める建築物に着目し、その中でも木造率が低く潜在的な木材需要が期待できる公共建築物のうち、低層の公共建築物をターゲットとし、国が率先して木造化に努めること等により、住宅等への波及効果をねらったものです。

> **Q11** 公共施設に係る工作物における景観の向上及び癒しの醸成のための木材利用については、どのようにその利用を推進するのですか。

Answer

　木材利用の拡大のためには、建築分野のみならず、需要者のニーズ

に応じた多段階での利用を進めていくことも必要です。
　農林水産省においては、ガードレール等の土木施設における木材利用や木製品の導入等については、平成21年末に公表した「農林水産省木材利用推進計画」に基づき取組を進めてきたところです。
　今回の法律においても、木材を利用した工作物がその周囲における良好な景観の形成に資するとともに、利用者等を癒すものであることにかんがみ、ガードレール等の公共施設に係る工作物についても、木材利用の促進を図ることとしており、関係省庁や民間事業者等にも積極的な働きかけを行っていく考えです。

Q12 木質バイオマスの利用については、どのように推進していくのですか。

Answer

　木質バイオマスについては、製材用チップの原料や燃料等として利用されていますが、その大部分が、製材工場等で発生する残材や建設発生木材であり、未利用間伐材等（年間2000万㎥発生している）は収集・運搬コストが高いことから、ほとんど利用されていません。このため、未利用間伐材等の利用を促進する観点から、
　① 間伐材等の収集・運搬コストの低減に向けた取組への支援
　② チップやペレット製造施設、ボイラー等の木質バイオマスの加工・利用施設の整備・導入への支援
　③ 石炭火力発電所での木質燃料の混合利用等、木質バイオマスの利用促進
　④ 木材を原料としたバイオマスプラスチック等の新たな用途の開発

第3部　参考資料

等を促進しています。

今後ともこうした取組を通じて、木質バイオマスの利用拡大を推進していきます。

Q13 本法律の対象を国産材に限定する必要性について。

Answer

国が木材の利用を法令により促進する際には、WTO協定の「内外無差別の原則」との整合が求められます。

このため、本法においては、国内で生産された木材の利用のみを優遇したり、外国で生産された木材を排除する条項はありません。

なお、本法においては、内外無差別との整合を図りつつ、国内の森林の適正な整備を図る観点から、その対象を「国内において生産された木材その他の木材」と規定し、国産材の利用拡大の重要性を示しています。

Q14 なぜ公的主体ではない民間事業者の整備する公共建築物について木材利用を促進するのですか。

Answer

民間事業者が建築物を整備する場合、どのような建築資材を利用するかは、本来、その整備主体がコストや好みに基づいて自由に選択するものです。

しかしながら、例えば、私立学校や民間老人ホームなどのように、

国や地方公共団体が整備する建築物と同様の高い公共性を有していると認められ、その公共性に着目して公的な許認可や財政支援の対象となっているもの、その他法令で一定の公的な位置づけがなされているものも存在しています。

したがって、本法では、このような民間事業者が整備する公共建築物について、国及び地方公共団体が整備するものに準ずる建築物と位置づけ、一体的に木材の利用を促進しようとするものです。

【国が定める基本方針について】

Q15 | 国が定める基本方針の内容について教えて下さい。

Answer

国が定める基本方針においては、公共建築物における木材の利用の促進の意義について記述するとともに、木造化を図る公共建築物のターゲットは低層の公共建築物とするといった基本的事項を記述しています。

また、国が整備する公共建築物の木材の利用の目標として、比較的木造化が容易な低層の公共建築物については原則としてすべて木造化を図ることや、低層高層にかかわらず内装の木質化を推進すること等を記述しています。

さらに、公共建築物の整備に供する木材の適切な供給の確保に関して、

① 公共建築物の整備に適した木材の供給体制の整備
② 間伐材や合法性が証明された木材等の森林の整備・保全に配慮し

第3部　参考資料

た木材の供給
③　強度や耐火性、健康被害防止性能の向上等木材に関する技術開発等を記述しています。

Q16　「農林水産省木材利用推進計画」に基づく取組の推進状況はどうなっているのですか。

Answer

　農林水産省においては、安全柵や手すり等の土木施設における木材利用や木製品の導入等を推進するため、平成21年末に公表した「農林水産省木材利用推進計画」に基づき取組を進めているところです。

　平成21年度の農林水産省における土木施設の木材利用や木製品の導入状況については、

①　農林水産省の公共土木工事における安全柵、手すり等の木製割合　100%
②　農林水産省の補助事業における地域食材供給施設等の木造率　100%
③　秋田森林管理署等新築した庁舎の木造率　100%
④　間伐材を使用した印刷物の割合が、農林水産省本省　100%、施設等機関・地方出先機関　47%

といった状況です。

　引き続き、この取組を進めるとともに、関係省庁や民間事業者等にも積極的な働きかけを行っていくこととしています。

Q17 各省庁における木材の利用実績はどうなっているのですか。また、このうち法律の対象となるような木造公共施設の実績はどうなっているのですか。

Answer

各省庁の木材の利用は、毎年増加傾向にあり、平成20年度の実績は、補助事業や公共事業を含めて、約51万m³であり、このうち、国産材は44万m³です。

（参考）
公立学校	：約6万m³（うち国産材4万m³）
保育所・高齢者施設・医療施設	：約6万m³（うち国産材1万m³）
農林水産施設	：約34万m³（うち国産材33万m³）
官庁営繕・公園・河川・道路・住宅・鉄道・港湾施設	：約6万m³（うち国産材5万m³）
計	約51万m³（うち国産材44万m³）

注：端数処理の関係で各施設の合計と計欄が一致しない。

このうち、平成20年度に庁舎など各省庁が自ら建設した木造の公共建築物は、66件で1,757m³の実績です（国産材は1,732m³）。

第3部　参考資料

【木材製造高度化計画の認定について】

Q18　木材製造高度化計画の認定制度の概要、メリットについて教えて下さい。

Answer

　公共建築物の整備において、長くて断面積の大きな木材も含め乾燥などの品質・性能の確かな木材を円滑に供給していくためには、木材製造業者が加工施設や乾燥施設を導入するなどし、供給能力の向上を図っていく必要があります。

　このため、木材製造業者が木材製造高度化計画を策定し、農林水産大臣の認定を受けたときには、計画に従って行う取組に対して、林業・木材産業改善資金の償還期間を10年から12年に延長するなどにより、事業者負担の軽減を図ります。

Q19　高度化の「目標」及び「内容」の具体的なイメージについて教えて下さい。

Answer

1．法第10条において大臣が認定する高度化計画では、高度化の目標や高度化の内容等を記載することとされています。

　このうち、「目標」については、木材製造の高度化に取り組む結果、公共建築物の整備の用に供する木材を安定供給する能力等に関することについて記載していただくことになります。

　具体的な記載事項は、

① 製造する木材の種類ごとの寸法精度
② 乾燥度合い等品質・性能
③ 適切な規模・生産能力の施設
④ 合法性等が証明された原木等の調達・管理を含めた安定供給の体制
⑤ これら①から④を達成するために必要な人材の確保　等

となります。

2. また、「内容」については、「現状」と「年度別の取組」を記載していただくことになります。

具体的には、上記1の各事項に関して、現状と高度化計画実施期間における年度毎の取組について、木材製造高度化計画等認定事務取扱要領（平成22年10月4日付け林野庁長官通知）の第2の2の（2）のアの措置が講じられているか判断できるよう記載していただく必要があります。

Q20 計画認定制度は、木材製造の高度化に取り組まない一般の木材製造業者に何らかの義務を課したり、業者を選別することにならないのですか。

Answer

1. 木材製造高度化計画に係る認定制度は、木材製造能力の向上を図る木材製造業者の取組を支援するものであり、
① 認定申請は木材製造業者の意志に委ねられていること、
② 申請内容が公共建築物に適した木材の製造能力の向上に資すると認められる場合に認定が行われること、

から、高度化に取り組まない一般の木材製造業者に義務を課すもの

ではありません。

2. また、
   ① 認定は、木材製造業者の供給能力の水準の高さを表わすものでなく、
   ② 認定を受けていないからといって公共建築物の整備向けの木材の供給に何ら法的制約はないこと

   から、木材製造業者を選別するものでもありません。

Q21 林業・木材産業改善資金の特例の概要やその効果について教えて下さい。

Answer

　林業・木材産業改善資金は、林業従事者や木材製造業者等が行う新たな事業の開始や新たな販売方式の導入等の取組を対象に、都道府県が無利子資金を融資するものです。

　本法においては、公共建築物の整備に必要な木材を円滑に供給するため、木材製造能力の向上に取り組む木材製造業者が、木材製造高度化計画を策定し、農林水産大臣の認定を受けた場合に、資金の償還期間を10年から12年に延長するものです。

　これにより、毎年の償還金額が2割程度軽減され、公共建築物への木材供給に必要な設備投資の負担の掛かり増しを補うことで、木材の供給体制の整備を促進する効果が期待されます。

（林野庁ホームページアドレス（林業金融・税制制度））：
　　　http://www.rinya.maff.go.jp/j/kikaku/kinyu/index.html

```
╱償還例：
　貸付額1億円（＝木材産業にかかる限度額）
　年間返済額
　（通常） 1億円÷（10年－3年※）＝1,429万円
                                        （※）据置期間
　（償還期間延長の場合）
　　　　　1億円÷（12年－3年※）＝1,111万円
　　　＝＞1,429－1,111＝318万円（2割強）の負担減
╲
```

Q22 森林法の特例の概要やメリットについて教えて下さい。

Answer

　本法に規定する森林法の特例は、木材製造業者が、公共建築物の整備に必要な木材の適切な供給のための施設を保安林以外の民有林において整備しようとする場合、その整備計画を木材製造高度化計画に記載し、農林水産大臣の認定を受けたときは、開発行為にかかる都道府県知事の許可を受けたものとみなすものです。

　この措置により、施設整備を行う際に大臣認定と都道府県知事の許可が一度で得られるメリットがあります。

　なお、本法では、農林水産大臣は計画認定に当たって、都道府県知事に協議し、その同意を得ることとされています。都道府県知事は、計画に係る開発行為による災害発生等のおそれがないと認める場合に同意することとされており、森林法に基づく場合と同等の審査が行われる仕組みです。

第3部　参考資料

> **Q23** 複数の木材製造業者が共同で計画の認定を受けることはできるのですか。

Answer

　木材製造高度化計画は、共同で計画の認定を受けることは可能です。この制度は、木材製造業者が木材製造業者の木材供給能力の向上を通じて、公共建築物の整備に適した品質や性能の確かな木材を求められる量や納期に、確実かつ責任をもって供給できるようになることを期待するものです。

　このため、計画の認定は、供給する木材の品質等に関し、発注者に対して一元的に責任を負える経営単位ごとに行うことが適当と考えますが、

① 共同事業体を組織し、単一の事業として木材製造を行う場合
② 事業協同組合を組織し、当該組合の一元的な経営管理体制のもとで木材製造を行う場合（組合直営工場等）

も認定の対象となります。

【国有試験研究施設の使用について】

> **Q24** 国有の試験研究施設の使用に係る特例の目的及び効果について教えて下さい。

Answer

　今後、公共建築物における木材利用を一層拡大していくためには、現状ではコスト面の制約から木造化が困難な中高層の建築物の木造化

を図ること等を目指し、耐火性や強度等の性能の高い木材製品を開発する必要があります。

　木材製造業者等が、このような製品の開発等に取り組む場合、高度な測定機器や大規模な実験棟等を有する国の試験研究施設の利用が必要となるケースが想定されます。

　このため、本法では、木材価格の低迷等から厳しい経営状況にある木材製造業者等に対し、国の試験研究施設の使用料を低く設定することにより、経営上の負担を軽減し、木材に係る技術開発を促進しようとするものです。

　これにより、中高層の公共建築物の木造化など、木材利用の範囲の大幅な拡大、さらには、開発された技術や製品の一般の建築物への応用を通じ、木材利用の一層の拡大が期待されます。

Q25 国有試験研究施設の減額使用について、どのような手続が必要ですか。

Answer

　国有の試験研究施設として、「消防庁消防大学校」を指定し、使用の対価の5割以内を減額する旨を定めています。手続には、あらかじめ消防庁と試験研究施設側の施設能力や日程の都合等から、受入れ可能であるものか等につき協議した上で、農林水産大臣に国有施設の使用の対価の減額に係る認定申請を行い、農林水産大臣が財務大臣と協議を行った上で、認定することになります。

　その後、消防庁へ使用手続を行い消防庁の規程に則し、使用額の計算が行われた上で5割以内減額されます。

第3部　参考資料

【その他】

> **Q26**　地域材を活用した公共建築物や住宅等への補助を行うべきではないですか。

Answer

　地域材を使用した木造住宅における支援については、都道府県が行う経費の一部助成などの制度に対し、地方財政措置の中で特別交付税措置（費用の１／２支援）を行っているところです。（平成21年度は、37府県127市町村で、それぞれが設定する要件により実施）
　また、農林水産省では、
①　木造設計の担い手の育成や耐火性能向上のための木材製品の技術開発・実用化
②　品質・性能の確かな木材製品を供給するための木材加工施設の整備
③　展示効果やシンボル性の高い木造公共建築物の整備
等に対する支援を行っています。
　今後とも、関係省庁とも連携しつつ、公共建築物や住宅等における地域材の利用拡大を図っていくこととしています。

> **Q27**　国土交通省は国が整備する官庁施設について、木造についてはどのような技術基準がありますか。

Answer

　国土交通省では、本法律の趣旨を踏まえ、新たに木造の官庁施設を

対象とした「木造計画・設計基準」を制定しました（平成23年5月10日）。
　国土交通省によると、本基準は、官庁営繕部の既存の基準では不足している木造の建築設計に関し、耐久性、防耐火、構造計算等の技術的な事項及び標準的な手法を定めており、国のみならず、地方公共団体における木造公共建築物の計画・設計が効率的なものになるとしています。
　また、木造の官庁施設を対象とした施工に関する技術基準については、既に平成10年度に「木造建築工事標準仕様書※」を整備しておりますが、「木造計画・設計基準」を踏まえ、その改定を行う予定としています。
（※：http://www.mlit.go.jp/gobuild/kijun_mokuzou_shiyousyo.htm）

Q28 公共建築物における木材の利用を促進するに当たっては、揮発性物質を放散する木材製品の使用を規制するなどのシックハウス対策を講ずるべきではないですか。

Answer

　シックハウス対策については、平成15年の改正建築基準法の施行により、住宅等の居室を有する建築物について、ホルムアルデヒドを発散させる建材の使用制限、換気設備の設置の義務づけ、クロルピリホスを添加した建材の使用禁止等の措置を講じたところです。
　また、ホルムアルデヒド以外の4種の揮発性有機化合物（VOC）についても、業界団体等において自主基準が策定されています。国土交通省が行った実態調査の結果では、厚生労働省が定める化学物質の

室内濃度の指針値を超える新築住宅は確実に減少しています。

　さらに、平成22年度に、地域材を用いた建築物における室内空気環境調査を行っているところです。

　これにより、木材製品からの放散状況に関するデータ等を整備するとともに、木材の優れた特性をより明らかにし、広く一般に対しわかりやすく普及させていきたいと考えております。

Q29 新たな木質の建築材料を利用する場合に必要な国土交通大臣認定の取得に当たり、支援が必要ではないですか。

Answer

　長期優良住宅のような新たな住宅のニーズ等の高まりから、耐久性や耐震性、省エネ性等の性能を有する住宅に対応するための製品のニーズが高まっています。特に、これまで国産材が使われてこなかった新たな分野における用途開発につながる具体の製品の開発・普及が重要です。

　このため、個別の部材製品・商品開発への支援として、地域材の新規需要の拡大につながる新製品・新商品の開発を支援しており、その中で、建築基準法関係の認定など各種認定・認証に必要となる部材等の試験についても支援対象としています。

　また、これまで国産材が使われてこなかった分野への新たな用途開発として、2×4（ツーバイフォー）部材や耐火性能の有する部材の開発に対する支援等を実施しています。

公共建築物等木材利用促進法 【主要Q&A集】

Q30 公共建築物への木材利用においては、JAS材が求められる場合が多いことから、JAS工場認定取得のための支援が必要ではないですか。

Answer

　公共建築物の整備に当たっては、その仕様における木材の品質として、JAS材が求められるケースが多いことから、公共建築物への木材の供給に当たり、JASの認定製造業者等（いわゆるJAS認定工場）の認定を受けることは重要です。

　農林水産省においては、品質・性能の確かな木材を供給するための加工や品質管理等の施設整備に対する支援等を通じて、JAS製品を含めた品質・性能の確かな木材の供給を後押ししていくこととしています。

森林・林業再生プラン
―コンクリート社会から木の社会へ―

平成21年12月25日　農林水産省

目次

Ⅰ．新たな森林・林業政策の基本的考え方
　1．基本認識
　2．3つの基本理念
Ⅱ．目指すべき姿
Ⅲ．検討事項
　1．林業経営・技術の高度化
　　（1）路網・作業システム
　　（2）日本型フォレスター制度の創設・技術者等育成体制の整備
　　（3）森林組合改革・民間事業体サポート
　2．森林資源の活用
　　（1）国産材の加工・流通構造
　　（2）木材利用の拡大
　3．制度面での改革、予算
　　（1）森林情報の整備、森林計画制度の見直し、経営の集中化
　　（2）伐採・更新のルール整備
　　（3）木材利用の拡大に向けた制度等の検討
　　（4）国有林の技術力を活かしたセーフティネット
　　（5）補助金・予算の見直し
Ⅳ．推進体制
Ⅴ．主体別の果たす役割について

本プランは、緊急雇用対策（平成21年10月23日緊急雇用対策本部決定）を受け作成したものです。

Ⅰ．新たな森林・林業政策の基本的考え方
　１．基本認識
・　我が国においては、戦後植林した人工林資源が利用可能な段階に入りつつある。しかしながら、国内の林業は路網整備や施業の集約化の遅れなどから生産性が低く、材価も低迷する中、森林所有者の林業への関心は低下している。また、相続などにより、自らの所有すら意識しない森林所有者の増加が懸念され、森林の適正な管理に支障を来すことも危惧される状況にある。
・　一方、世界的な木材需要の増加、資源ナショナリズムの高まり、為替の動向などを背景として外材輸入の先行きは不透明さを増している。また、木材を化石資源の代わりに、マテリアルやエネルギーとして利用し地球温暖化防止に貢献することや、資材をコンクリートなどから環境にやさしい木材に転換することにより低炭素社会づくりを進めることなど、木材利用の拡大に対する期待も高まっている。
・　このような状況を踏まえ、今後10年間を目途に、路網の整備、森林施業の集約化及び必要な人材育成を軸として、効率的かつ安定的な林業経営の基盤づくりを進めるとともに、木材の安定供給と利用に必要な体制を構築し、我が国の森林・林業を早急に再生していくための指針となる「森林・林業再生プラン」を作成する。

　２．３つの基本理念
　　以下の３つの基本理念の下、木材などの森林資源を最大限活用し、雇用・環境にも貢献するよう、我が国の社会構造をコンクリート社会から木の社会へ転換する。

理念１：森林の有する多面的機能の持続的発揮

　　　　森林・林業に関わる人材育成を強化するとともに、森林所有者の林業への関心を呼び戻し、森林の適切な整備・保全を通じて、国土の保

全、水源のかん養、地球温暖化防止、生物多様性保全、木材生産など森林の有する多面的機能の持続的発揮を確保する。

> 理念2：林業・木材産業の地域資源創造型産業への再生

　林業・木材産業を環境をベースとした我が国の成長戦略の中に位置づけ、木材の安定供給体制を確立するとともに、川下での加工・流通体制を整備し、山村地域における雇用への貢献を図る。

> 理念3：木材利用・エネルギー利用拡大による森林・林業の低炭素社会への貢献

　木材をマテリアルからエネルギーまで多段階に利用することにより、化石資源の使用削減に貢献し、低炭素社会の実現に貢献する。また、木材利用の拡大が、林業・山村の活性化、森林の適切な整備・保全の推進につながっていくことの国民理解の醸成に取り組む。

Ⅱ．目指すべき姿

> 10年後の木材自給率50％以上

Ⅲ．検討事項
　1．林業経営・技術の高度化
　　（1）路網・作業システム
　　　（目的）
　　　　森林の整備や木材生産の効率化に必要な、路網と林業機械を組み合わせた作業システムの導入
　　　（検討事項）
　　　　・　低コストで崩れにくい作業道などを主体とした路網整備の加速化に向けて必要な、地域の条件に応じた路網作設技術の確立

- 先進的な林業機械の導入・改良や効率的な作業システムの構築・普及・定着

（２）日本型フォレスター制度の創設・技術者等育成体制の整備

（目的）

森林の有する多面的機能の持続的発揮や効率的な林業経営の推進に必要な技術及び知識を持った人材の育成

（検討事項）

- 戦略的・体系的に人材を育成するための「人材育成マスタープラン」の作成
- 「日本型フォレスター」、森林施業プランナー、路網設計者など森林・林業に係る現場技術者の育成及び活用
- 路網作設オペレーターなど現場技能者の育成及び活用

（３）森林組合改革・民間事業体サポート

（目的）

木材の安定供給を通じた森林・林業の再生に向け不可欠な、担い手の育成や森林施業の集約化などの基盤整備

（検討事項）

- 地域の森林管理の主体としての森林組合の役割の明確化、員外利用の厳格化と経営内容の透明性の確保、民間事業体の育成
- 「森林施業プランナー」による提案型集約化施業の推進

2．森林資源の活用

（１）国産材の加工・流通構造

（目的）

森林から産出される木材を最大限に活用するための、国内の加工・流通構造の改革

（検討事項）

- 外材主体の製材工場の国産材への原料転換の促進、質・量ともに、外材に負けない効率的な加工・流通体制の整備

- 大ロット需要先や「梁」、「桁」、「集成材用ラミナ」など従来国産材の利用が少ない用途に対する国産材製品の供給体制の整備
- 木材利用の多角化や新たな木質部材開発に向けた研究・技術開発の推進

（2）木材利用の拡大

（目的）

地球温暖化防止への貢献やコンクリート社会から木の社会への転換を実現するための木材利用の拡大

（検討事項）
- 地域材住宅の推進とそれを支える木造技術の標準化、木造設計を担える人材の育成、公共建築物などへの木材利用の推進
- 経営的・技術的に整合のとれた木質バイオマス利用の仕組みづくりと着実な普及体制の整備、研究・技術開発の推進等
- 木材利用に係る環境貢献度の「見える化」などによる国産材の信頼性の向上

3．制度面での改革、予算

（1）森林情報の整備、森林計画制度の見直し、経営の集中化

（目的）

森林・林業の再生を確実なものとするための、制度面での改革、予算の検討

（検討事項）
- 森林の有する多面的機能の持続的発揮を確保するために必要な森林資源情報の的確な把握及び政策立案・評価への積極的な活用
- 森林計画により森林所有者等の適切な森林経営を誘導するなどの取組の強化
- 森林所有者等に対する、適切な森林経営の義務づけと間伐等の森林整備を実施する上でのサポートのあり方について一体的に

検討
- 木材生産と生物多様性保全などの公益的機能が調和した実効性ある森林計画とするための森林計画制度の見直しについて検討
- 「日本型フォレスター」の活用のあり方の検討
- 意欲のある森林所有者等への経営の集中化の促進
- 森林の境界確定の推進と集約化施業や路網整備に係る同意取付の円滑化に向けたルールの検討
- 施業の進まない森林に対するセーフティネット（公的森林整備）のあり方の検討

（2）伐採・更新のルール整備

（目的）

森林資源の持続的かつ循環的な利用の確保

（検討事項）
- 大規模な皆伐の抑止や伐採跡地への植林の確保に必要な仕組みの検討

（3）木材利用の拡大に向けた制度等の検討

（目的）

木材の確実な利用拡大

（検討事項）
- 公共建築物などにおける木材利用の義務化や石炭火力発電所における石炭と木質燃料の混合利用に向けた枠組みについて関係省庁と連携しつつ検討

（4）国有林の技術力を活かしたセーフティネット

（目的）

国民共通の財産である国有林の技術力の活用

（検討事項）
- 公益重視の管理経営のより一層の推進、民有林への指導やサポート、森林・林業政策への貢献を行うとともに、そのために組

織・事業の全てを一般会計に移行することを検討
（5）補助金・予算の見直し
　（目的）
　　施策の目的の着実な達成に向けた所要の見直し
　（検討事項）
　　・　現場の実情・要請などを踏まえた補助金の見直し・メニューの簡素化
　　・　制度面での改革と併せた予算の見直し
　　・　路網・作業システムを普及するための補助要件見直し

Ⅳ．推進体制
　農林水産大臣は、本プランを着実に推進するため、農林水産省内に、農林水産大臣を本部長とする「森林・林業再生プラン推進本部」を設置する。また、推進本部の下に、制度面、実践面それぞれの具体的な対策の検討を行うための、外部の有識者なども含めた検討委員会を立ち上げる。
　なお、実施面における取組については、検討委員会の議論を踏まえ、順次、対策を実行に移す。
　また、制度面の検討については、森林・林業基本計画の見直し（平成22年度末までを目途）に反映させるとともに、必要な法制度の見直しについても検討する。

Ⅴ．主体別の果たす役割について
　森林・林業の再生を図るためには、国、地方公共団体、森林組合・林業事業体・森林所有者が、森林・林業基本法に示されたそれぞれの役割を確認し、相互に連携して取組を進めることが重要である。

森林・林業の再生に向けた改革の姿 ―森林・林業基本政策検討委員会 最終とりまとめ―

平成22年11月　森林・林業基本政策検討委員会

目次

○　はじめに
1．改革の方向
2．改革の内容
　（1）全体を通じた見直し
　　①　国
　　②　都道府県
　　③　市町村
　　④　森林所有者等
　　⑤　国が示す3機能区分を止め、地域主導の森林の区分制度の創設
　（2）適切な森林施業が確実に行われる仕組みの整備
　　①　全ての森林所有者に対する責務の明確化
　　　a．伐採、更新ルールの明確化、徹底
　　　b．適切な森林施業の確保のための委託の推進
　　②　まとまりをもった施業を実施しうる体制の構築
　　③　施業集約化に積極的に取り組む者を対象とする助成制度の創設
　　④　公的主体によるセーフティネットの構築
　　⑤　里山等における広葉樹林の適切な整備の推進
　（3）広範に低コスト作業システムを確立する条件整備
　　①　施業集約化の推進
　　②　路網基準や整備方針の明確化
　　③　路網開設等に必要な人材の育成や路網整備の加速化に向けた支援
　　④　機械化の推進等

（4）担い手となる林業事業体の育成
　①　持続的な森林経営を担う森林組合改革、林業事業体の育成
　②　イコールフッティングの確保
　　　ａ．施業集約化に向けた合意形成・計画づくりの段階
　　　ｂ．森林経営計画（仮称）に従って森林整備事業等を実行する段階
（5）国産材の効率的な加工・流通体制づくりと木材利用の拡大
　①　質・量ともに輸入材に対抗できる効率的な加工・流通体制の整備
　　ア）川上から川中・川下に至る流通体制の整備
　　イ）輸入材に対抗できる加工体制の整備
　　ウ）国有林の貢献
　②　木材利用の拡大
　　ア）公共建築物への利用
　　イ）住宅等への木材利用
　　ウ）木質バイオマスの総合利用
　　エ）木材の輸出促進
　③　消費者等の理解の醸成
（6）人材育成
　①　フォレスター制度の創設
　②　森林施業プランナーの育成・能力向上
　③　現場の技術者・技能者の育成
　　○路網開設に必要な人材等
　　○フォレストマネージャー（統括現場管理責任者）等
　④　木材の加工・流通・利用分野における人材の育成
　　○木材の利用・流通に関するコーディネート
　　○木造建築の担い手
　⑤　人材育成体制の構築
3．改革に向けた実行プログラム

森林・林業の再生に向けた改革の姿

○　はじめに

　我が国は、国土の約7割を森林が占める「森林国」である。森林は、木材生産機能とともに、水源のかん養、国土の保全、地球温暖化の防止、生物多様性の保全などの公益的機能を有し、私たちの日常生活に欠くことのできない様々なサービスを提供している。また、森林から木材等の林産物を生産する林業は、その生産活動を通じ、このような森林の有する多面的機能の発揮や山村地域における雇用の確保に貢献する産業である。

　現在、我が国の森林は、戦後造成された人工林を中心に毎年約8千万㎥ずつ蓄積が増加するなど資源として量的に充実しつつあるが、施業集約化や路網整備、機械化の立ち後れ等による林業採算性の低下等から森林所有者の林業離れが進み、資源が十分に活用されないばかりか、必要な施業が行われず多面的機能の発揮が損なわれ、荒廃さえ危惧される状況になっている。一方で、国際的には、地球温暖化の進行や生物多様性の減少など人類の存続にもかかわる環境問題が深刻化する中で、森林の持つ役割の重要性が認識されるとともに、中国における木材需要の増大やロシアにおける製品輸出への転換等から、輸入材を巡る状況は不透明感を増しており、安定的な木材供給に対する期待が高まっている。

　このため、農林水産省は、森林の多面的機能の確保を図りつつ、先人達が営々と築き上げてきた人工林資源を積極的に活用し、木材の安定供給体制の確立、雇用の増大を通じた山村の活性化、木材の利用を通じた低炭素社会の構築を図るため、平成21年12月に「森林・林業再生プラン」を策定した。

　この「森林・林業再生プラン」は、木材などの森林資源を最大限に活用することを通して、雇用の拡大にも貢献し、我が国の社会構造を21世紀にふさわしく環境に負荷の少ない持続的なものに転換していくものであり、平成22年6月に閣議決定された「新成長戦略」において、「21世紀日本の復活に向けた21の国家戦略プロジェクト」の一つに位置付けら

れている。森林・林業の再生は、山村のみならず、21世紀の我が国全体の成長を支える分野として大いに期待されている。

　本検討委員会では、これまで公開ヒアリングを含め9回の会合を重ね、「森林・林業再生プラン」の実現に向けた具体的な方策を明らかにした「森林・林業の再生に向けた改革の姿」をとりまとめた。これは、今後10年間を目途に、森林施業の集約化、路網の整備、必要な人材の育成を軸とした効率的・安定的な森林経営の基盤づくりを進めるために最低限必要な処方箋であり、その実施に当たっては、各地域で森林づくりに携わっている国、都道府県、市町村、森林組合、民間事業体、森林所有者等の関係者が知恵と工夫を出し合い、一体となって取組を進めていくことが不可欠である。

　今後、国においては、必要な法制度の見直し、必要な予算の確保、新たな森林・林業基本計画の策定等を進めるとともに、各々の地域において、森林施業の集約化、路網の整備、必要な人材の育成を着実に実践していくことにより、持続的な森林経営の基盤の確立を通じた森林・林業の再生が図られることを期待するものである。

　なお、本検討委員会でとりまとめた各課題については、PDCAサイクルにより進行管理と必要な見直しを行うとともに、議論の過程で出された本検討委員会に付託された検討内容を超える課題については、外部有識者などの意見も聴きつつ、しかるべく検討されることを要望する。

1．改革の方向

　我が国においては、戦後造成された1千万haに及ぶ人工林資源の6割が、今後10年間で50年生以上となり、本格的な木材利用が可能となりつつある。これらの森林の維持・培養と資源としての利用、すなわち木材生産と公益的機能の発揮を両立させる森林経営の確立を通じ、10年後には国産材自給率50％以上を目指すことが我が国の重要な成長戦略の一つとなっている。

こうした森林経営を持続的に行っていくことは、同時に雇用創出等を通じた山村地域の活性化や地球環境への負荷の小さい低炭素社会の構築にも大きく寄与するものである。

　しかしながら、これまでの森林・林業施策は、森林の造成に主眼が置かれ、持続的な森林経営を構築するためのビジョン、そのために必要な実効性のある施策や実行体制を確立しないまま、間伐等の森林整備に対し広く支援してきた。
　この結果、小規模零細な森林所有構造の下、森林所有者に対する働きかけが十分でなかったこともあり、施業集約化や路網整備、機械化の立ち後れによる林業採算性の低下や需要者のニーズに応えられない脆弱な木材供給体制、さらには、森林所有者の林業に対する関心の低下という悪循環に陥っている。このため、ようやく人工林を主体に森林資源が充実してきているにもかかわらず、これを活かす体制の整備や経営主体の育成が十分でなく、基盤整備も立ち後れ、適正な森林施業が行われない森林が増加する状況にある。また、林業の低迷により山村での雇用機会が失われ、林業の担い手が減少し山村の過疎化も進行しており、このままでは林業再生のチャンスを無にするばかりか、施業放棄による森林機能の低下や持続的な森林経営の理念が無いまま無秩序な伐採が進み、戦後築いてきた森林の荒廃を招く恐れが高まっている。

　このような状況を真摯に受け止め、森林・林業に関する施策、制度、体制について、
　① 森林の多面的機能が持続的に発揮しうる森林経営を構築するためのビジョン、ルール、ガイドラインの確立に向け、法律改正を前提としつつ、国民に分かりやすく実効性の高い森林計画制度の確立を図るとともに、
　② 実効性の高い施策を効果的に推進しうる体制を構築するため、

a．国・都道府県・市町村の役割分担を明確にし、地域が主導的役割を発揮しうる現場で使いやすい制度への変革
　　b．それぞれの段階（国、都道府県、市町村、森林所有者等）における、各種補助事業計画の一元化など計画策定に係る負担の軽減
　　c．専門知識を持った現場密着の実行体制を整備（フォレスター制度の創設、森林施業プランナーの充実等の人材の育成）

等の抜本的見直しを行い、森林資源の利用期に適合した新たな森林・林業政策を構築していくことが必要となっている。

このため、上記の視点に基づき、国、都道府県、市町村、森林所有者等の役割の見直しを行いつつ、
　①　適切な森林施業が確実に行われる仕組みを整えること
　②　広範に低コスト作業システムを確立する条件を整えること
　③　担い手となる林業事業体や人材を育成すること
　④　国産材の効率的な加工・流通体制づくりと木材利用の拡大を図ること

を段階的、有機的に進めていくことにより、国産材の安定供給体制を構築する条件を整備し、10年後の木材自給率50％以上を目指す。これらの実施に当たっては、PDCAサイクルにより検証を行い、改革の内容の改善を図るものとする。

このような取組を通じて、意欲と能力を有する者による林業生産活動等が継続的に実施されることとなり、山村地域における雇用機会の確保に伴う山村の活性化、二酸化炭素の吸収源としての森林整備、炭素の貯蔵、二酸化炭素の排出削減に貢献する木材の利用により低炭素社会の構築にも大きく寄与することになる。

また、国有林は、我が国の森林の3割を占め、国民から様々な機能の発揮が求められていることから、森林・林業行政の観点から国が責任をもって一体的に管理するとともに、その組織・技術力・資源を活用し、我が国森林・林業の再生に貢献できるよう見直すものとする。

その中で、民有林と国有林が連携した森林共同施業団地の設定や木材の安定供給体制づくり、国有林のフィールドを活用した人材の育成を推進する。

2．改革の内容
（１）全体を通じた見直し

　複雑で役割分担が不明瞭であることなどにより形骸化している森林計画制度を中心に、生物多様性の保全等新たな国民ニーズにも対応し、各主体がそれぞれの役割の下、自発的な取組ができる制度にする。併せて、国、都道府県、市町村の各段階における森林の取扱いのルールを明確化し、持続的な森林経営を確保するための制度的枠組みを整備する。また、それぞれの計画の役割・性格に応じ、適切なレビューを実施することとする。

① 国

　森林・林業基本計画は政策の基本的方向（ビジョン）を、全国森林計画は森林の整備・保全の実現のための規範（ルール）、指針（ガイドライン）を示すものとして、両計画の位置づけを明確にした上で、国民各層に分かりやすいものとなるよう構成や記述内容の見直しを行う。

　森林・林業基本計画と全国森林計画について、実効性の高い計画制度を構築する観点から、策定時期を含め一体的に作成することとし、平成24年度からの新たな森林計画制度の円滑な実施に向けて、平成23年度の早い時期に両計画を樹立する。

　全国森林計画においては、皆伐や更新の考え方・基準など基本的なルールをより明確に示すとともに、生物多様性の保全など新たな国民のニーズを踏まえたものとなるよう記述内容を見直すものとする。

　また、計画量については国土保全等を担う国の責務に鑑み、広

域流域を単位（44流域）として示すとともに、都道府県との同意協議の対象とする計画量については、計画量の意味づけの明確化と効率的な調整を実施する観点から、森林の整備及び保全に係る最も重要な事項に限定することとし、森林資源の構成そのものの変化を明示する指標である伐採量（主伐・間伐）、造林面積、森林の保安的機能の確保の優先を明示する指標である保安林面積のみとする。間伐については、伐採量のほか参考として間伐面積についても計画量を記載することとする。

なお、生物多様性の保全に関しては、生物の多様性が科学的に十分には解明されていない要素が多いことを踏まえ、いわゆる順応的管理の考え方を基本としながら、生態系の多様性、種間（種）の多様性、種内（遺伝子）の多様性を確保するため、具体的な森林の整備・保全の対応策について、全国森林計画等で明らかにする。

国の責務として、全国的な観点から我が国森林の現況や動態を把握し、分析内容も含め最新のデータを森林情報として公表し活用する。

また、後述する森林の区分については、3機能に区分する仕組み（重視すべき機能に応じた森林の3区分）を改め、市町村森林整備計画を樹立する際に、地域の実情を踏まえつつ市町村が主体的かつ柔軟に森林の諸機能を踏まえた森林の区分を設定できる仕組みに転換する。

この他、森林整備保全事業計画において、初めの5年間の成果目標を国民に分かりやすく明示する。

② 都道府県

地域森林計画は、全国森林計画に準じて記載内容の見直しを行う。特に、現地の実態に即して計画区ごとの特徴を持った計画となるよう、地域特性を反映させた森林の取扱いのルール、ガイド

ラインを明示する。また、流域全体における生物多様性保全の観点から留意すべき点についても明らかにする。その他必要な事項として、計画事項の自主的な追加ができる旨都道府県に周知する。

　森林計画区については、都道府県からの要望に応じ、流域を念頭に行政界や地域特性、流域管理の観点などを総合的に勘案しつつ適時、調整を行う。

　さらに、各都道府県の林政の推進方針を分かりやすく位置づけることができるよう、それぞれの都道府県の判断により、計画区ごとの計画書を一冊にまとめて計画区の計画量を付表として情報提供することを可能とし、その旨を都道府県に周知する。地域森林計画書については、記載内容の簡素化を図る。

　また、森林整備の円滑化・木材安定供給体制の整備に向け国有林との連携を推進する。

　一方、各段階における森林計画の策定や、集約化を推進する際に、必要不可欠となる森林簿の情報について、その精度を向上させることが必要である。

　このため、森林経営計画（仮称）を市町村が認定する際の情報、間伐等の施業履歴や伐採・更新が行われた際の情報について、森林簿等で明確にされるよう取り組むとともに、都道府県と市町村の間で共有化を推進する。

③　市町村

　市町村森林整備計画については、地域森林計画に準じて記載内容の見直しを行うとともに、計画事項の自主的な追加を促すよう通知の見直しを行う。

　具体的には、森林所有者等に対する森林施業上の規範（主・間伐や保育などの基準）を示すとともに、地域森林計画に掲載されている林道を含めた路網ネットワークの全体像が明らかになるよう工夫する。また、生物多様性保全のための施業上の留意点も記

載することとする。

　森林の区分に当たっては、市町村が地域の特性を踏まえて、全国森林計画、地域森林計画に記載されている例示を参考に、フォレスターによる技術的な支援等も受けつつ主体的に行えるよう見直す。

　これらの見直しにより、市町村森林整備計画が地域の森林のマスタープランとなるよう位置づけるとともに、計画内容については、森林・林業関係者をはじめ一般市民の森林づくりへの理解と協力を得るため図化するなど分かりやすく示すものとする。

　森林経営計画（仮称）が作成されない森林については、伐採及び伐採後の造林に関する届出制度、要間伐森林制度を見直すことなどにより適切な施業が確保できるよう措置する。

　計画の策定に当たっては、地域の関係者との協働による作成を推進するため、森林所有者、森林組合等の林業関係者、NPOを含めた合意形成の手続の明確化を図る。また、森林所有者、森林組合、民間事業体等による具体の森林施業の実施に当たって、それぞれの実施主体に対する市町村の指導が適切に実施できる体制とする。

　このような取組を着実に推進するため、フォレスターが市町村行政に関与できる仕組みを導入するとともに、複数市町村の共同による計画策定や、都道府県による計画策定の受託・支援といった手法も活用する。また、森林共同施業団地等の設定や森林整備の円滑化などの観点から国有林との連携を推進する。

④　森林所有者等

　効率的な森林施業を確保し、森林の有する多面的機能の持続的な発揮に資するため、現行の森林施業計画制度を改め、原則として林班又は連たんする複数林班単位で作成する森林経営計画（仮称）制度を創設する。その際、自己森林において既に持続的な森林経営を実施している森林所有者（一定規模以上の森林を所有）

が、独自に計画を作成することも認めることとする。

　また、森林所有者のほか、意欲と能力を有し森林経営の受託等を通じて森林所有者の森林を含めて森林経営を行う特定受託者（仮称）が、単独又は共同で森林経営計画（仮称）を作成することができるものとする。この場合、周辺の森林経営計画（仮称）と調和を図るとともに、当該森林が所在する市町村の市町村森林整備計画と適合したものとする。

　国は、森林経営計画（仮称）の認定基準として、全ての対象森林に共通の施業基準を示すとともに、公益的機能の発揮が期待される森林については、機能区分毎に複数の上乗せ基準を示すこととする。

　これにより、森林の生物多様性の保全など公益的機能の発揮とも両立を図り、かつ、合理的な路網計画も具備した効率的な施業（持続的な森林経営の基礎）を推進するとともに、最小流域単位での計画的な木材供給量の把握を可能 安定供給体制の基礎）とする。

⑤　国が示す３機能区分を止め、地域主導の森林の区分制度の創設

　重視すべき機能に応じて目指すべき森林の姿を定めている、水土保全林、森林と人との共生林、資源の循環利用林の３機能区分について、区分の実施方法が分かりにくい制度との指摘が多く、また、地域において関係者が当該森林の位置づけや将来の姿について議論する上での材料として利用されていない実態を踏まえ、廃止する。

　これにかえて、新たに、森林が有する機能として、水源かん養、山地災害防止/土壌保全、快適環境、保健・レクリエーション、文化、物質生産、希少野生動植物の生息・生育地保全等を明示しつつ、それぞれの機能毎の望ましい森林の姿と必要な施業方法を国、都道府県が例示し、その例示を参考に市町村が地域の意見を反映しつつ、主体的に森林の区分を行うこととする。この場

合、公益的機能の発揮の観点から施業上留意する必要がある森林のみを区分することや、どれにも区分されない森林（白地）があることも可能である。

（２）適切な森林施業が確実に行われる仕組みの整備
　①　全ての森林所有者に対する責務の明確化
　　ａ．伐採、更新ルールの明確化、徹底
　　　　森林資源の成熟化に伴い、持続的な森林経営の理念が無いまま無秩序な伐採が行われることが懸念される中、現行制度では、このような伐採行為の防止や伐採後の更新を確保する仕組みが欠如していた。
　　　　このため、
　　　　ア．全国森林計画において、皆伐や更新の考え方・基準を示す。
　　　　イ．無秩序な伐採や造林未済地の発生を防止するため、伐採後に適切な更新が行われない森林に対して、植栽の命令が発せられる仕組み等を導入する。
　　　　ウ．これらの措置と併せ、森林管理・環境保全直接支払制度の支援対象を森林経営計画（仮称）対象森林に限定することで、森林所有者等が森林経営計画（仮称）を作成することを促し、全ての森林において適切な伐採と伐採後の更新の確保が図られるよう誘導する。
　　　　エ．市町村森林整備計画の基準に適合しない伐採行為により産出された木材が違法伐採木材として市場で淘汰される仕組みを導入する。
　　　　なお、独立行政法人森林総合研究所等における皆伐や更新と公益的機能の関係等に関する科学的分析等の研究を積極的に進めるとともに、これらの成果の情報提供を行う。
　　　　さらに、伐採後の更新を推進していくため、大苗やコンテナ苗の活用、高性能林業機械による地拵え等の普及など造林の低

コスト化に取り組むほか、ニーズに応じた優良な苗木の安定的な供給体制を整備する。また、シカなどの獣害対策については、造林と一体的な被害防止施設の整備を行うとともに、「鳥獣による農林水産業等に係る被害の防止のための特別措置に関する法律」による鳥獣被害防止計画に基づく対策等と連携して、森林被害対策を推進する。

　b．適切な森林施業の確保のための委託の推進
　　森林所有者に対する働きかけが十分でなかったこと、採算性の低下や世代交代等による森林所有者の林業に対する関心の低下等が、施業集約化など効率的で経済性の高い林業に向けた取組の障害となりかねない状況となっていた。
　　このため、全ての森林所有者に施業の必要性を認識してもらう努力を行った上で、自ら施業を行い得ない場合には、意欲と能力を有する者への森林経営の委託を進めることが必要である。
　　具体的には、特定受託者（仮称）による森林経営計画（仮称）の作成・実行を促進することと併せ、要間伐森林制度を見直し、市町村森林整備計画において間伐すべき森林を明らかにして、森林所有者による自発的な間伐を促しつつ、早急に間伐すべき森林については、特定受託者（仮称）等の施業代行者が所有者に代わって間伐を実施しうる措置を講じる。
　　併せて、森林管理・環境保全直接支払制度などにより、この取組を推進する。
② まとまりをもった施業を実施しうる体制の構築
　　利用期を迎えつつある資源を活用し持続的な森林経営を実現するためには、面的なまとまりの下、施業の集約化や計画的に路網を整備し、効率的な施業を進めて行くことが重要である。
　　このため、森林所有者の責務の明確化や代行制度を措置することと併せて、森林所有者や特定受託者（仮称）が、面的なまとま

りをもって集約化や路網整備等に関する計画を作成する森林経営計画（仮称）制度を創設する。

　このことにより、計画的かつ効率的な施業実施が確保され、木材の安定供給体制の構築に寄与するとともに、森林経営の自立に向けた環境を整備する。

　この場合、自己森林において、既に持続的な森林経営を実施している森林所有者（一定規模以上の森林を所有）が、独自に計画を作成することも併せて認めることとする。

　また、森林経営計画（仮称）が継続的に作成されるよう、税制特例による支援策を措置する。

　なお、集約化に当たっては、集約化施業や路網設計等に必要となる専門的な知識・技術を有していることなどの要件を満たす森林組合、民間事業体、森林所有者など意欲と能力を有する者を特定受託者（仮称）として位置づける。この特定受託者（仮称）等に対し、市町村長は、集約化に必要な情報の提供、斡旋等を行うこととする。併せて、確実に森林経営計画（仮称）の作成や施業の受託を行うことができるよう都道府県、市町村への指導・助言を徹底する。

③　施業集約化に積極的に取り組む者を対象とする助成制度の創設
　集約化等を進め持続的な森林経営を推進していくためには、個々の施業実施に対して一律に助成する現行制度では限界がある。

　このため、持続的な森林経営に向けた取組を約束することとなる森林経営計画（仮称）の作成者に限定して、集約化に向けた努力やコスト縮減意欲を引き出しつつ、必要な経費を支払う森林管理・環境保全直接支払制度を創設する。

　この場合、助成対象者は、単に施業を受託する者ではなく、森林経営の責任を有している者とし、これらに直接助成する仕組みを採用するとともに、森林経営計画（仮称）の作成に必要な森林情

報の収集や合意形成など集約化に向けた取組についても支援する。

　また、直接支払制度の創設に当たっては、国が作業種ごとの標準工程を定めて、単価の設定方法を明確化するとともに、補助事業の大幅な簡素化、透明性の高い契約方式の徹底等を併せて実施する。

　さらに、補助事業計画の一元化・簡素化を図る。

④　公的主体によるセーフティネットの構築

　持続的な森林経営の推進により適切な森林整備を推進する一方で、急傾斜地で高標高地など立地条件が悪く、自助努力等によっては、適切な整備が図られない森林等について、公益的機能の発揮を確保するため、将来的な整備の負担を大幅に軽減する視点から針広混交林化・広葉樹林化等の多様な整備を推進する。このため、必要に応じ治山事業や針広混交林の造成等に転換した水源林造成事業等の公的主体による整備を行うとともに、生物多様性の保全等の観点から地方公共団体等と森林所有者等が締結する協定に基づく整備を行う。

　また、地域において、公益的機能の発揮を図るための適正な整備を特に必要とする森林については、公有林化を推進する。

⑤　里山等における広葉樹林の適切な整備の推進

　かつて里山等においては、生活物資であった薪炭材生産のための循環利用を通じた適切な整備が行われ、広葉樹を主体とした生物多様性に富んだ森林が維持されてきた。今日では、薪炭利用が途切れた結果、多くの里山林が放置され、植生の遷移（生物多様性の変化）が進むとともに、竹の繁茂等の問題が発生している。

　また、木材チップ原料、エネルギー利用など木質バイオマスの利用拡大などにより、里山広葉樹林の価値が見直される機運が生じる一方で、今後、奥山も含め広葉樹林に対する伐採圧力が高まることが懸念される状況にある。

　このような状況を踏まえて、里山等における広葉樹林を生物多

様性に富んだものに再生するとともに、地域資源を有効に活用するため、

　a．適切に整備するための施業体系の構築とその実施
　b．木材チップ原料、エネルギー利用など新たな需要に向けた供給体制の整備
　c．エネルギー利用に際しては、カーボン・クレジット取引の仕組み等の活用

等について推進する。

　また、森林経営計画（仮称）を林班又は連たんする複数林班単位で作成することを通じて、計画への里山林の取り込みを促し、計画的な利用を確保するとともに、繁茂等の問題が生じている竹の除去やその後の適切な管理と利用を推進する。

（3）広範に低コスト作業システムを確立する条件整備
　① 施業集約化の推進

　　低コスト作業システムを広範に確立するためには、そのベースとなる施業集約化を施策の基本に据えることが必要である。

　　このため、森林施業プランナーの育成の加速化と能力の向上、森林経営計画（仮称）制度の創設、集約化森林への支援措置等により、意欲のある林業事業体等が行う施業集約化を助長する施策を集中的に推進する。施業集約化を進める上で欠かせない境界の明確化については、国土交通省とも連携し加速化するとともに、必要な路網の設置に当たっての土地の使用について、所有者が不明な場合にも対応できるように手続の改善を図る。

　　また、民有林と国有林が一体となって効率的に路網整備や間伐等の森林整備に取り組むための森林共同施業団地の設定を推進する。

　② 路網基準や整備方針の明確化

　　我が国の森林は、地形、地質、土質、降雨量等極めて多様で厳しい自然条件の下にあることから、路網作設に当たっては、これ

まで各地で、地域の条件に応じ、知見、経験の蓄積により工法が発展してきたが、その一方で、損壊する事例もあり、丈夫で簡易な路網作設の基本的事項の整理が必要な状況となっている。

　このため、路網を構成する道の区分について、一般車両の走行を想定する林道、10ｔ積みトラック等の林業用車両の走行を想定する林業専用道、フォワーダ等の林業機械の走行を想定する森林作業道に再整理し、林業専用道の規格・構造を林道規程に位置づけるとともに、林業専用道、森林作業道の作設指針を作成する。

　また、路網計画におけるそれぞれの道の役割や、自然条件、作業システム等に応じてそれぞれの道が適切に組み合わされた路網の基本的な考え方などを整理する。

③　路網開設等に必要な人材の育成や路網整備の加速化に向けた支援

　丈夫で簡易な路網の整備を進めていく上で、現場の地形や土質等の条件を踏まえて、適切に林業専用道を作設できる設計者・監督者などの技術者や、施工現場で現地の状況に合わせて適切に森林作業道を作設できる技能者が必要である。このため、技術者や技能者を体系的に育成する仕組みを創設する。

　また、10年後の木材自給率50％以上の目標の達成に向けて効率的な生産基盤を確立するため、路網開設等に必要な人材の育成と併せ、路網整備を加速化させていくための支援を拡充する。

④　機械化の推進等

　森林経営の収益性の向上を図るためには、路網整備と併せて合理的な林業機械作業システムの導入が重要である。

　また、最適な作業システムの導入に当たっては、林地傾斜、地形、地質、森林現況などの自然条件や、森林の所有形態、事業体の規模、木材加工業の現状などの社会経済条件などを踏まえて決定すべきものであることから、今後、地域で合意・納得した方向

と戦略を明らかにすることが必要である。

　　さらに、森林資源の成熟に伴う伐採木の大径化や木質バイオマス需要の増大等の変化に対応する林業機械を開発するとともに、国内外の先進林業機械について、我が国の立地条件等に適合させるための改良とその評価・分析等を通じ、将来の作業システムの方向性を明らかにする。

　　加えて、生産性の高い作業システムを普及するため、林業機械のリースやレンタルの充実・活用を促進する。

（4）担い手となる林業事業体の育成
　① 持続的な森林経営を担う森林組合改革、林業事業体の育成
　　責任を持って森林経営計画（仮称）を作成するなど地域の森林経営を担いうる組織体や、競争原理の下で効率的な施業を実施しうる林業事業体を育成するため、森林組合、民間事業体の役割を明確化しつつ、それぞれを早急に育成する。

　　森林組合については、施業集約化・合意形成、森林経営計画（仮称）作成を最優先の業務とし、系統全体の共通認識として醸成することが重要である。

　　このため、平成22年10月の全国森林組合大会において、これを最優先の業務として取り組むことが運動方針の中で位置づけられたことを受けて、全国及び都道府県単位で推進組織を設置するとともに、毎年度ごとに都道府県森林組合連合会から施業集約化等の実績の報告を受けて集計し、結果をフィードバックしながら取組を推進する。

　　また、森林組合において、毎年度、森林経営計画（仮称）の作成状況、計画に基づく森林整備の実行状況を明確にし、これらが適切に作成、実行されていない場合には、その原因と認められる員外利用の停止を求めるとの方向で、森林組合の総会手続や行政庁の組合検査によるチェックの仕組み、ルールづくり等を行う。

具体的には、森林経営計画（仮称）の作成状況、計画に基づく森林整備の実行状況、員外利用との関係が適切かどうか総会で承認を得るとともに、都道府県森林組合連合会による森林組合への監査においてもチェックを行う。また、行政庁の組合検査において、森林経営計画（仮称）の作成、計画に基づく森林整備の実行状況が不適切と判断された場合には、その要因を分析するとともに、施業集約化への取組と員外利用等について、改善策の作成・実行を求めることとする。

さらに、森林組合員から見て、経営内容がより明確に把握でき、効率化の努力、他の森林組合等との比較がチェックできるような決算書類の見直し、情報の開示を推進する。

林業事業体については、規模が小さい事業体が多く、機械化も進んでおらず、生産性が十分に上がっていないものが多い現状にある。木材自給率50％に向けた木材生産の拡大を図るためには、効率的な作業システムの導入及び機械化を促進し、木材生産性の高い林業事業体の育成が必要である。

こうした林業事業体を育成するに当たっては、まず、継続的に事業を営めるよう、事業量や森林所有者等からの信頼を確保することが不可欠であり、そのためには、事業実行能力、社会的信用、人事管理能力などを総合的に向上させるための新たな仕組みや手法を構築する必要がある。

このため、流域や市町村を単位として民有林・国有林それぞれの将来事業量が明確になる仕組みの検討を進めるとともに、発注者等が事業体の事業実行能力を客観的に評価できる仕組みを導入する。このほか、事業主による現場作業員等の客観的な人事評価や都道府県による雇用管理の指導が可能となるよう人事管理マニュアルやチェックリストを作成・配布する。さらに、国有林については、事業の発注や事業体の人材育成のためのフィールドの

提供等を通じて事業体の育成に貢献する。
② イコールフッティングの確保
　森林整備を計画的かつ効率的に実施していくためには、森林整備の仕事の質を確保しつつ、林業事業体における低コスト化への取組を促すよう、森林整備の担い手である林業事業体間の競争が働く仕組みを構築する必要がある。
　このため、a．施業集約化に向けた合意形成・計画づくり、b．計画に従った事業実行、それぞれの段階で森林組合と民間事業体のイコールフッティングが確保される仕組みを導入する。
a．施業集約化に向けた合意形成・計画づくりの段階
　持続的な森林経営を実現していくためには、意欲と能力を有する者に対して森林経営の委託を進めることが重要であり、自ら森林施業を行い得ない森林所有者については、森林経営計画（仮称）の作成を通じて、段階的に森林施業の委託から森林経営の委託へ誘導していく必要がある。こうした観点からも、施業の集約化に必要な情報について、森林経営計画（仮称）を作成する意欲と能力を有する者には等しく提供する必要がある。
　具体的には、意欲と能力を有する者に対して、平成22年9月に閣議決定された「新成長戦略実現に向けた3段構えの経済対策」に基づき、集約化に必須である森林簿及び森林計画図が開示されるよう都道府県に対する助言を行うとともに、市町村長が集約化に必要な情報の提供等を行うことを促すよう措置する。
b．森林経営計画（仮称）に従って森林整備事業等を実行する段階
　森林整備事業等を実施する際、計画作成者が明確かつ客観的な基準で事業実行者を選択し、その選択結果と理由を明らかにすることで、競争の確保による事業実行の効率化と透明性を確保し説明責任を果たす仕組みを導入する。具体的には、総合評価落札方式を参考に、価格以外の技術力など事業実行能力を加

味して事業実行者を選択できるよう、ガイドラインを示すとともに事業体情報を登録・評価する仕組みを導入する。

また、計画作成者は、事業実行者の選択結果と理由を森林所有者に報告するとともに、都道府県への事業実績報告書に事業実行者と森林所有者への報告状況を明記させることにより、関係者間で情報を共有し、選択結果や理由の透明性を確保し、森林所有者等への説明責任を果たすことを検討する。

さらに、森林経営計画（仮称）の作成に当たっては、必要な整備量を計画的かつ網羅的に明らかにしつつ、フォレスターによるチェックを働かせることにより安易な変更を防止し、員外利用の厳格化と相まって、いわゆる森林組合による抱え込みを抑制する。このようなイコールフッティングの確保と併せて、一定の能力を備えた森林組合、民間事業体によって、競争原理の下、効率的かつ質の確保された森林整備を推進する。

（5）国産材の効率的な加工・流通体制づくりと木材利用の拡大

木材自給率50％を達成するためには、需要者ニーズに応じた安定供給を実現することが不可欠である。このため、川上から川中・川下までのマッチング機能を備えた商流・物流の構築と価格変動に左右されにくい安定的取引を確立していくことが必要である。

また、効率的な流通体制づくりは、国有林と民有林との連携を強化することで効果を上げる必要がある。

併せて、川上側から計画的かつ安定的に供給される木材を最大限利用し、川上側への利益を還流させていくために、増加する供給量に対応した様々な分野における木材利用の拡大を図ることが必要である。

木材利用については、木材に固定された炭素を長期間にわたって貯蔵し地球温暖化防止機能を最大限に発揮させる観点から、建築物等のマテリアル利用から化石燃料を代替するエネルギー利用までカスケード化を推進する。

このため、以下のような取組を推進する。
① 質・量ともに輸入材に対抗できる効率的な加工・流通体制の整備
ア）川上から川中・川下に至る流通体制の整備

計画的かつ安定的に供給される原木を、需要者側へ安定的に供給するためには、輸入材流通に匹敵しうる効率的な流通システムを構築することが必要である。このため、中間土場・市売市場などのストックヤード機能や、大型トレーラーの活用を含めた原木流通の低コスト化・効率化を推進する。また、ロットをまとめることにより、今まで利用が低位だったチップ用材等への利用を進め、森林資源の利用率向上を図る。

具体的には、大口需要に対応できる安定供給を行うための物流拠点間のネットワークを構築するとともに、森林所有者からユーザーまでを範囲とした需給情報を受発信する体制の整備や、山元側の原木供給を取りまとめて大規模製材工場等の大口需要者との安定供給を実現するための協定の締結を推進する。また、大口需要への安定供給に対応したＩＴ利用に基づく徹底した流通・在庫管理技術の開発と普及を推進する。

また、中間土場を適正に配置し、ロットの確保、仕分け、検知作業等による価値の付加と輸送の効率化を推進する。

イ）輸入材に対抗できる加工体制の整備

今後、大径材が増加してくることも踏まえつつ、スギ・ヒノキ中心の国産材の利用を拡大するため、乾燥及び強度性能の明確化を推進し、集成材、乾燥材、ＪＡＳ製品など品質、性能の確かな製品をハウスメーカー等の大口需要者へ安定的に供給できる加工体制の構築や技術開発・普及を推進する。

また、針葉樹化が進んでいる構造用合板をはじめ、コンクリート型枠用、フロア台板等の合板及びＬＶＬの利用拡大を図るため、原木の安定供給体制の強化を進めるとともに、国産材

利用に向けた技術開発・普及を推進する。

　　パルプ・チップへの利用については、国産材の比率が低い製紙用パルプでの利用拡大を図るため、間伐材をはじめとする国産針葉樹チップに係る効率的な検量方法の指針作成等、輸入針葉樹のパルプ・チップに対抗できる流通体制の整備や、広葉樹林からの供給体制の整備を推進する。

　　また、木材チップの総合的な利用拡大に向けた製紙、木質ボード、その他の木材チップ利用者への木材チップ工場による効率的な供給体制づくり及び利用者間の連携体制の構築等を推進する。

ウ）国有林の貢献

　　国有林と民有林が連携して原木の安定供給体制づくりに努めるとともに、国有林にあっては、急激な木材価格の変動時に地域の需給動向に応じた供給調整を実施し、地域の林業・木材産業への影響を緩和するためのセーフティネットとしての機能を発揮する。

　　また、国有林にあっては、大口の需要者に対して原材料となる木材を安定的に供給する「システム販売」について、民有林との連携を図りつつ、これまで主として輸入材を利用してきた製材工場等を新たな販売先として積極的に新規開拓していくなど、国産材の安定供給体制の構築と併せて、木材利用の拡大に貢献する。

② 木材利用の拡大

ア）公共建築物への利用

　　平成22年10月１日に施行された「公共建築物等における木材の利用の促進に関する法律」に基づき、①低層の公共建築物について原則としてすべて木造化を図るとともに、②高層・低層にかかわらず、内装等の木質化を推進するなど、国が率先して

公共建築物における木材利用を推進する。

　また、国土交通省など関係府省とも連携しつつ法律の周知徹底を図るとともに、特に、都道府県や市町村に対して、法律に基づく「公共建築物における木材の利用の促進に関する方針」の作成を働きかける等により、更なる木材利用の拡大を推進する。

　併せて、公共建築物における地域材利用に対する支援を充実するとともに、公共建築物の整備に適した木材の調達を円滑に行うための体制の整備、木材の利用の促進に関する研究、技術の開発及び普及、人材育成等を推進する。

イ）住宅等への木材利用

　マンションの内装材や住宅のリフォーム分野における木材利用を推進するとともに、木のまち・木のいえづくりに向けた体制の構築や、地域の製材工場と工務店の連携や製材から住宅をつなぐ地域材認証などの仕組みづくりによる消費者のニーズに対応した特色ある家づくりなど、地域材の利用を推進する。

　コンクリート型枠やガードレール、土木用資材への利用、耐火部材や省エネ部材、長期優良住宅等に対応した新たな地域材製品の開発・普及を推進する。

　生活用品、パレット等輸送用資材等様々な分野への消費者のニーズに対応した国産材利用の供給体制整備を行う。

ウ）木質バイオマスの総合利用

　パーティクルボード、ファイバーボード、混練型WPC（ウッドプラスチックコンポジット）などの木質系材料の利用を推進するとともに、石炭火力発電所における混合利用等のエネルギー利用や、チップ・ペレット・薪等の木質バイオマスボイラーによる熱利用を推進するなど木質バイオマスの総合利用を図る。

　また、「再生可能エネルギーの全量買取制度」の導入に向けて、経済産業省など関係府省とも連携を図り、木材のカスケー

ド利用を基本とした間伐材等の利用促進方策を検討する。

　さらに、木質バイオマス燃料の低コスト生産のための技術開発、木質バイオマス由来のプラスチック等の新たな用途の研究・技術開発を推進する。

　他方、経営的・技術的に整合の取れた木質バイオマス利用の仕組みづくりと着実な普及体制の整備を推進するとともに、カーボン・クレジットの活用等により、木質バイオマスの利用に対するインセンティブを付与する取組を強化する。

エ）木材の輸出促進

　将来的に国内需要が頭打ちになることが見込まれる中、木材利用の拡大を図るため、木材の輸出を促進する。特に、今後木材需要の増加が見込まれる中国、韓国等を主なターゲットとして、スギ、ヒノキ等を利用した付加価値の高い木材製品についての輸出拡大を図る。このため、今後、ａ．輸出先国の消費者ニーズに対応した新たな製品開発、ｂ．軸組ビルディングコードの海外輸出等輸出先国に関する規格・規制への対応、ｃ．輸出先国の商慣行の情報収集・提供等を戦略的に推進する。

　また、日本の木材の品質・性能の認知度向上、木造建築の技術支援、宣伝普及体制の整備等、木材輸出を推進するための体制の強化を図る。

③　消費者等の理解の醸成

　森林の多面的機能を持続的に発揮させるためには、森林資源を適切に整備しながら循環的に木材を利用していくこと（植える→育てる→使う→植えるという森林と木材利用のサイクル）の重要性について、消費者の理解を深める観点から、木の良さや大切さを学ぶ活動に対する支援を行う。

　特に、青少年等に対する森林環境教育や木育について、文部科学省などの関係府省とも連携しつつ、その推進を図る。

また、木材利用に対する消費者の理解を醸成し、木材利用の拡大につなげていくため、地球温暖化防止や森林整備への貢献など国産材の環境貢献度の「見える化」について、木材の炭素貯蔵量等を評価・表示する手法を開発するとともに、企業等が木材、木製品に二酸化炭素排出削減効果の「見える化」に取り組めるよう、カーボンフットプリント（CFP）の試行制度に基づいた計算ルール（商品種別算定基準：PCR）の策定を推進する。

さらに、NPO等のネットワーク化を図りつつ、国産材の実需に結びつけていく運動を展開する観点から、「木づかい運動」を見直し、森林整備寄付金付き製品等の開発や環境貢献度の評価・表示に企業が取り組むようにするための運動を展開する。

一方、違法伐採対策については、企業、消費者への合法木材の利用の浸透が図られていない、市場において合法木材が差別化されていないといった課題に対応して、消費者の選択を促すことができるよう、合法性に加え、伐採地、樹種等の情報を製品に表示する等により、トレーサビリティの確保を図り、違法伐採対策を強化する。併せて、合法木材の普及拡大、信頼性の向上の取組を強化する。

（6）人材育成

以上のような取組を実効性のあるものにするために、市町村行政を補完するフォレスター制度の創設、森林施業プランナーの育成、能力向上、現場の技術者・技能者の育成、木材加工・流通・利用分野における人材の育成、及び人材育成体制の構築に取り組む。

① フォレスター制度の創設

新たな森林計画制度の下で、森林所有者等による持続的な森林経営を実現していくためには、実際に現場で指導・実行を担う市町村を技術面から支援することが必要である。

このため、森林計画の作成や路網作設等の事業実行に直接携わ

るなどの実務経験を有し、長期的視点に立った森林づくりを計画、指導できる技術者をフォレスターとして育成し、活用していくことが不可欠である。

　具体的には、現行の林業普及指導員の資格試験を見直し、フォレスターの資格試験として再構築するとともに、国及び地方公共団体の職員、民間人を問わず一定の現場実務経験等を有する者に同試験の受験資格を付与する。そして、同試験に合格した者をフォレスターとして認定するとともに、市町村森林整備計画、森林経営計画（仮称）に関連する業務に関与することや、森林施業プランナーへの指導・助言を行うことができるようフォレスターの位置づけを明確にする。

　なお、フォレスターの育成には一定の期間を要するため、平成25年度からの資格認定を目指す。それまでの間の市町村森林整備計画の策定等の支援業務については、(都道府県や国の職員などのうち)一定の研修等を受けた者(准フォレスター)が支援業務を行うこととし、これらの者が実際の現場経験を通じてフォレスター資格を得られるよう育成していく。さらに、幅広い業務を担うフォレスター等の活動を支援するための組織的な支援体制も整備する。

② 森林施業プランナーの育成・能力向上

　施業の集約化に向け合意形成を図り、森林経営計画（仮称）の作成の中核を担う者として、森林施業プランナーを位置づけ、その育成・能力向上を図る。

　このため、森林経営計画（仮称）の作成に必要な知識の習得等必要な研修を実施する。また、森林組合、民間事業体等が森林施業プランナーを十分活用するよう経営者を対象とした研修も実施する。

　さらに、集約化の質の向上を図るため、森林施業プランナーを認定する仕組みを導入する。

③ 現場の技術者・技能者の育成

○路網開設に必要な人材等

　丈夫で簡易な森林作業道を地形、地質等の現地の条件に応じて開設することができる森林作業道作設オペレーターを育成するため、土工技術等現場作業に必要な知識を習得するための研修を実施する。

　また、一般の土木技術・技能を有する者を対象に、設計書に基づき現場で微調整を行いながら林業専用道を作設することができるよう研修を行い、林業専用道の設計者・監督者として育成する。

○フォレストマネージャー（統括現場管理責任者）等

　高い生産性と安全性を確保し、林業機械を活用した低コスト作業システムを現場で実践する作業員を育成するため、段階的かつ体系的な研修カリキュラムを整備し、これに基づく研修修了者を習得した技術・技能のレベルに応じ、フォレストマネージャー（統括現場管理責任者）等として登録する制度を創設する。

　また、キャリアアップして働く意欲を高めるとともに誇りを持って仕事に取り組むことができるよう、働きやすい職場づくりや適切な処遇等を図ることが必要であり、事業主が使いやすい人事管理マニュアルや、都道府県等が事業主を指導する際のチェックリストを作成する。

④　木材の加工・流通・利用分野における人材の育成

○木材の利用・流通に関するコーディネート

　研究・教育機関や木材業界が連携して、木材利用における環境・マーケティング・経済等の社会科学分野のニーズの高まりに対応したカリキュラムの充実や、素材流通に関するコーディネートを担う素材生産業・原木市場等の人材の育成に取り組むとともに、木材の知識に関する関係者による自主的な資格を検討する。また、これらの関係者間の人材交流等により、自主的な学習の促進、関係者への啓発・理解醸成の推進を図る。

○木造建築の担い手

　国土交通省とも連携し、教育機関等におけるカリキュラムの支援など木造設計が取り組みやすい環境整備を図ることにより、木造住宅や大規模木造建築の設計者など木造建築に関わる人材を育成する。

⑤　人材育成体制の構築

　戦略的・体系的に人材を育成するため「人材育成マスタープラン」を作成するとともに、国、地方公共団体、大学等の教育機関等が連携しながら人材を育成する体制を構築する。その際、国有林については、多様な立地を活かしてニーズに最も適した研修フィールドや技術の提供を行う。

　さらに、大学等の教育機関における教育カリキュラム等の見直しについて、文部科学省と連携して取り組む。

3．改革に向けた実行プログラム

　森林・林業再生プランは、平成22年6月に閣議決定された「新成長戦略」において、「21世紀日本の復活に向けた21の国家戦略プロジェクト」の一つに位置づけられており、「元気な日本」の復活に向け、着実な実行が求められている。

　このため、上記改革の内容を段階的、有機的に進めていくこととし、別表の森林・林業再生プラン実行プログラム（工程表）に実施スケジュールを示す。

第3部 参考資料

(別表) **森林・林業再生プラン実行プログラム(工程表)**

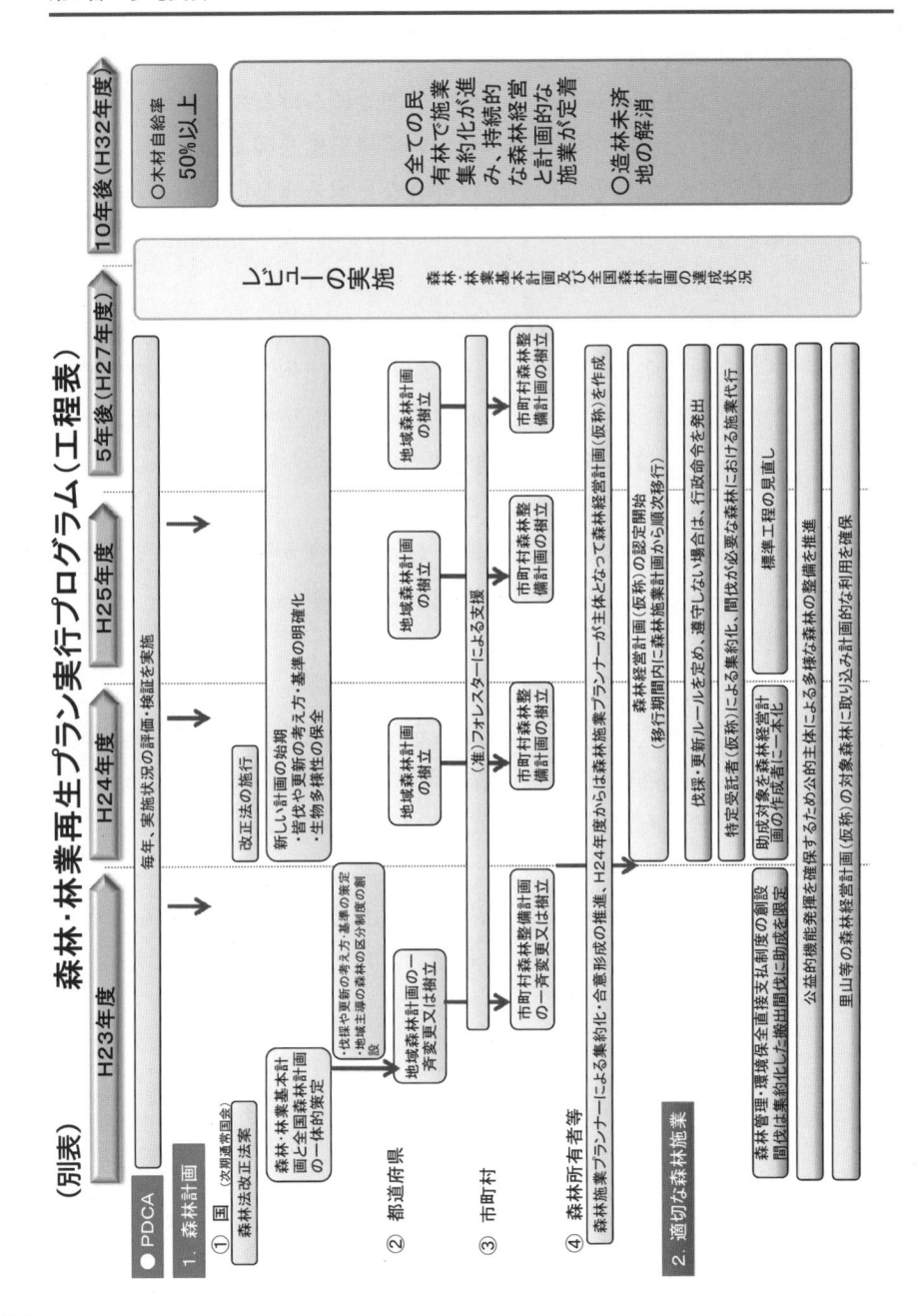

	H23年度	H24年度	H25年度	5年後(H27年度)	10年後(H32年度)

● PDCA: 毎年、実施状況の評価・検証実施

レビューの実施（森林・林業基本計画及び全国森林計画の達成状況）

10年後(H32年度):
○ 木材自給率 50%以上
○ 全ての民有林で施業集約化が進み、持続的な森林経営と計画的な施業が定着
○ 造林未済地の解消

1. 森林計画

① 国（次期通常国会）
- 森林法（改正法案）
- 森林・林業基本計画と全国森林計画の一体的策定
- 改正法の施行
- 新しい計画の始期
  - 伐採や更新の考え方・基準の明確化
  - 生物多様性の保全

② 都道府県
- 伐採や更新の考え方・基準の策定
- 地域主導の森林の区分制度の創設
- 地域森林計画の一斉変更又は樹立
- 地域森林計画の樹立
- 地域森林計画の樹立
- 地域森林計画の樹立

③ 市町村
- 市町村森林整備計画の一斉変更又は樹立
- （進）フォレスターによる支援
- 市町村森林整備計画の樹立
- 市町村森林整備計画の樹立
- 市町村森林整備計画（仮称）を作成

④ 森林所有者等
- 森林施業プランナーによる集約化・合意形成の推進、H24年度からは森林経営プランナーが主体となって森林経営計画（仮称）の認定等
- 森林経営計画（仮称）の認定開始（移行期間内に森林施業計画から順次移行）
- 伐採・更新ルールを定め、遵守しない場合は、行政命令を発出
- 特定受託者（仮称）による集約化、間伐等に必要な森林における施業代行
- 標準工程表の見直し
- 助成対象森林経営計画の作成者に一本化

2. 適切な森林施業
- 森林管理・環境保全直接支払制度の創設
- 間伐な集約化した搬出間伐に助成を限定
- 公益的機能発揮を確保するための公的主体による多様な森林の整備を推進
- 里山等の森林経営計画（仮称）の対象森林に取り込み計画的な利用を確保

204

森林・林業の再生に向けた改革の姿

森林・林業再生プラン実行プログラム（工程表）

	H23年度	H24年度	H25年度	5年後(H27年度)	10年後(H32年度)

3. 低コスト化

① 施業集約化の推進
- 森林管理・環境保全直接支払制度（ソフト）の創設
- 民有林・国有林が一体となった森林共同施業団地の設定を推進
- 施業集約化への支援に係る事業制度や事業実施リソースの見直しを図りつつ、施業集約化を推進

② 路網基準や整備方針の明確化
- 「林業専用道作設指針」、森林作業道作設指針」の普及
- 技術的知見を収集・蓄積及び「指針」を点検・見直し

③ 路網開設等に必要な人材の育成や路網整備の加速化に向けた支援
- 「森林作業道作設指針」、路網整備に必要な人材を確保・育成（～H25年度まで5千人）
- 路網作業道作設指針」に基づく、路網整備を加速化

④ 機械化の推進
- 合理的な林業機械作業システムの指針作成
- 路網整備と併せた合理的な林業機械作業システムの普及

4. 林業事業体の育成

① 持続的な森林経営を担う森林組合改革、林業事業体の育成
- 森林組合は、系統運動方針に基づき、意思集約化、森林経営計画（仮称）の作成を最優先の業務として取組を推進
- 系統や都道府県の意見を聞きながら、本業優先の判断に当たってのガイドライン基準を作成
- 本業を重ねることで、本業優先の作成を最優先の業務として取り組みを推進
- 森林組合会計の見直し、情報公開を系統にお周知・普及
- 見直し後の会計仕組みによる会計事務の導入、情報公開を推進
- 林業事業体の人事管理マニュアル、チェックリストの作成、配布
- 流域や市町村を単位とした将来事業量を明確にする仕組みの導入

② イコールフッティングの確保
- 計画に従った事業実行や計画づくりの段階でのイコールフッティングの確保
- 都道府県や市町村のイコールフッティングによる、集約化となる森林渡やその他の情報の提供を促進
- 事業実行者の選定結果や理由の透明性や事業実行結果の透明性を確保し、森林所有者等への説明責任を果たす仕組みの導入
- 事業実行責任を果たすための説明責任と評価した仕組みの具体化策の検討
- 林業事業体の登録・評価の仕組みの導入
- 林業事業体の登録・評価の仕組みの導入

レビューの実施

10年後(H32年度)
- ○路網整備、集約化の推進により、低コスト作業システムが確立
- ○コストの低減と間伐収入とが相まって補助なしでも間伐が可能
- ○森林組合員の所有森林で森林経営計画（仮称）100%樹立
- ○施業集約化を主体とする森林組合の休業の確立
- ○林業事業体制の確立、現場技術者・技能者の待遇改善
- ○事業実行の効率化、透明性の浸透

森林・林業再生プラン実行プログラム(工程表)

5. 国産材の加工・流通・利用

① 質・量ともに輸入材に対抗できる効率的な加工・流通体制の整備

H23年度
- 物流拠点間のネットワーク等による大口需要に対応できる供給体制の構築
- 中間土場などのストックヤード機能(集積・仕分け)や大型トレーラーを活用した原木流通の低コスト化・効率化
- 乾燥材、JAS製品など品質、性能の確かな製品をハウスメーカー等の大口需要者へ安定的に供給できる加工体制の構築

H24年度
- 国産材利用拡大に向けた製材、合板などに関する技術開発・普及
- 間伐材をはじめとする国産材チップの供給体制の整備

H25年度
- フォレスター、施業プランナーなどとの連携強化
- 森林経営計画(仮称)の策定などによる供給量増加に対応した加工・流通体制の一層の強化(協定の締結等)

5年後(H27年度)
- 間伐材・広葉樹チップの供給拡大

民有林・国有林の連携強化による国産材の安定供給体制を構築

② 木材利用の拡大

- 公共建築物等木材利用促進法に基づき、国が率先して公共建築物における木材利用の推進
- 都道府県、市町村に同様に基づく方針が作成の働きかけ、公共建築物における地域材利用への支援
- 地域の製材工場と工務店の連携による家づくり、耐火部材等の製品開発・普及、土木用資材・生活用品等への国産材利用を推進
- 再生可能エネルギーの全量買取制度導入に向け、木質バイオマス利用促進方策の構築

木質バイオマス等、木材利用拡大のための新たな用途の研究・技術開発を推進

戦略的な木材輸出の推進や情報収集・宣伝及び体制の強化

③ 消費者等の理解の醸成

- 文部科学省と連携しつつ、消費者や青少年に対する森林環境教育や木育を推進
- 環境貢献度の評価・表示手法の開発等を推進
- NPOのネットワーク化を図りつつ、国産材の実需に結びつけていく「木づかい運動」を展開
- 違法伐採対策として、木材のトレーサビリティを確保する仕組みを検証

国産材の環境貢献度の見える化について、環境貢献度の試行・実証を推進

本格実施

10年後(H32年度)
- 競争力の高い加工・流通体制の確保
- 国民生活の様々な分野で木材利用が拡大
- エネルギー利用等木質バイオマス利用の定着
- 国産材の需要量(試算)
  ・製材 → 2,180万m3
  ・合板 → 590万m3
  ・チップ → 1,460万m3

レビューの実施

206

森林・林業の再生に向けた改革の姿

6. 人材育成

森林・林業再生プラン実行プログラム（工程表）

	H23年度	H24年度	H25年度	5年後（H27年度）	10年後（H32年度）

① フォレスター制度の創設
- フォレスター制度の詳細設計
- フォレスター資格試験の検討 → フォレスター資格試験の実施・フォレスター制度の認定
- 準フォレスター育成の研修・実務経験 → 準フォレスター育成の研修・実務経験
- 都道府県、国の職員を準フォレスターとして活用（1.5～2千人を研修により確保）
- 市町村森林整備計画の策定
- 森林経営計画（仮称）の認定（H24年度～）
- 市町村行政への支援 → 森林施業プランナーへの指導・助言

② 森林施業プランナーの育成、能力向上
- フォレスターと森林施業プランナーの連携
- 森林施業プランナーの育成。組織としての集約化施業の実施力アップ。ステップアップ研修の実施等
- 森林施業プランナーを認定する仕組みの導入、認定開始
- H23年度までに基礎的な研修を受講した者を約2千人育成
- 森林施業プランナーが中心となって森林経営計画（仮称）を作成

③ 現場の技術者・技能者の育成
- 丈夫で簡易な森林作業道の作設に必要な森林作業道作設オペレーターや設計者・監督者の育成
- 段階的・体系的な研修・実務経験 （～H25年度までに5千人）
- フォレストマネージャー（統括現場管理責任者）等の登録・認定制度の創設
- 林業事業体の人事管理マニュアル、チェックリストの作成、配布
- 段階的・体系的な研修・実務経験
- フォレストマネージャー（統括現場管理責任者）等の登録・認定の実施
- 段階的・体系的な研修・実務経験

④ 木材の加工・流通・利用分野における人材育成
- コーディネーターによる製材、合板工場への安定供給の推進
- 供給側と需要側の窓口設置等を担うコーディネーターの育成
- 木造住宅や大規模木造建築の設計者など木造建築に関わる人材の育成

⑤ 人材育成体制の構築
- 国、地方公共団体、大学等が連携して人材育成体制構築
- 国有林のフィールド、技術を活用

レビューの実施

10年後（H32年度）
- 市町村の行政をサポートするフォレスターと施業集約化と森林経営計画（仮称）の作成を担う森林施業プランナー、川上・川下の需要をコーディネートする人材等、林業再生に必要な人的資源が充実

- フォレスター 2～3千人
- 森林施業プランナー 約2千人
- 森林作業道作設オペレーター等 約5千人
- フォレストマネージャー（統括現場管理責任者）等 約5千人

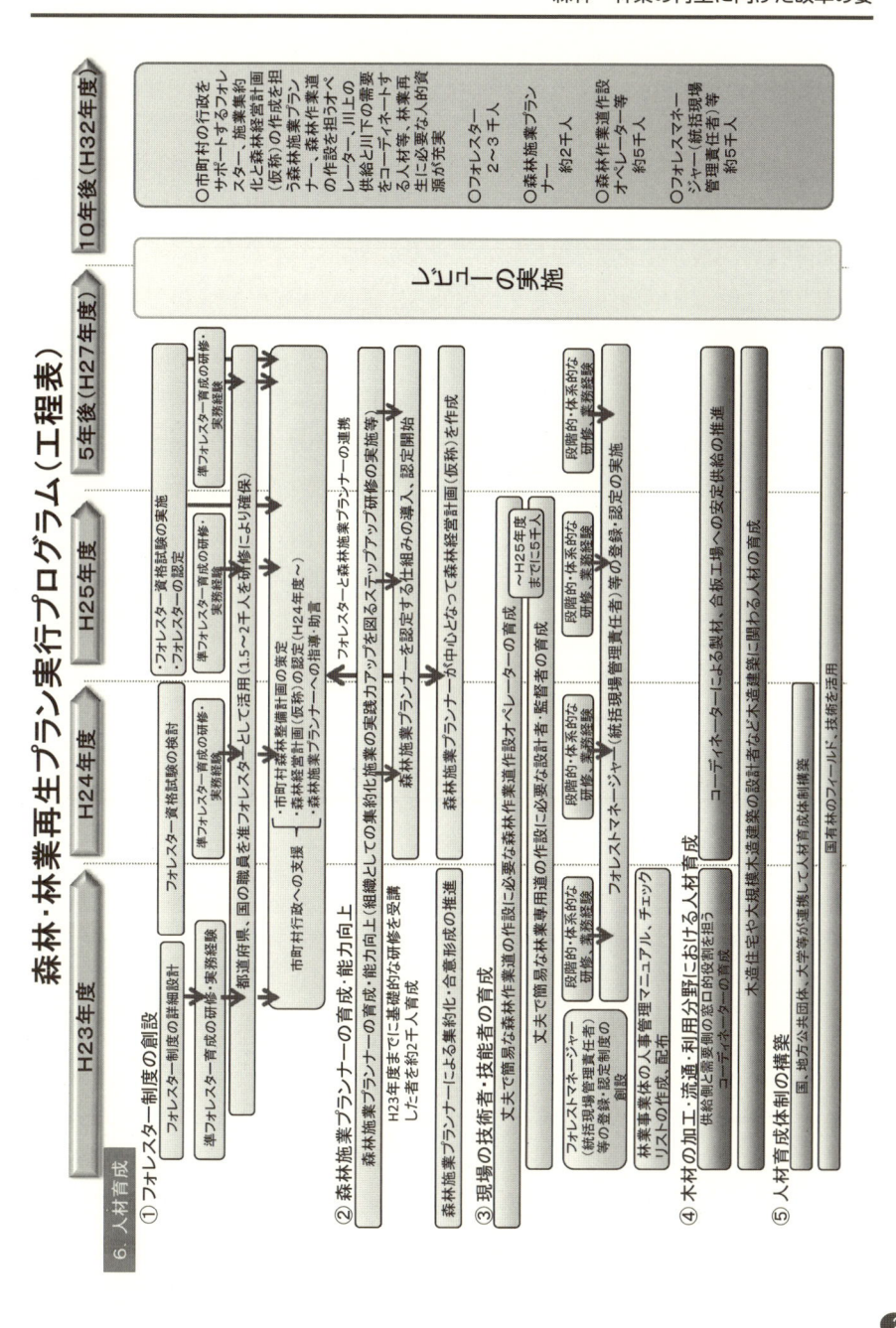

207

［略歴］
林野庁林政部長
末松　広行（すえまつ　ひろゆき）

農林水産省入省、総合食料局食品環境対策室長、官邸内閣参事官、官房環境政策課長、企画評価課長、食料安全保障課長、政策課長を経て現職

［著書］
「解説 食品リサイクル法」（大成出版社 2002、2008）
「食料自給率のなぜ」（扶桑社新書 2008）ほか

林野庁林政部木材利用課長
池渕　雅和（いけふち　まさかず）

農林水産省入省、官房国際部国際政策課海外情報連絡調整官、情報課情報分析室長、情報評価課情報分析・評価室長を経て現職

逐条解説　公共建築物等木材利用促進法

2011年8月4日　第1版第1刷発行

編　著	末松　広行	
	池渕　雅和	
発行者	松林　久行	
発行所	株式会社大成出版社	

東京都世田谷区羽根木1－7－11
〒156-0042　電話 03(3321)4131(代)
http://www.taisei-shuppan.co.jp/

©2011　末松広行・池渕雅和　　印刷　信教印刷
落丁・乱丁はおとりかえいたします。
ISBN978-4-8028-3007-2

関連図書

〔逐条解説〕
森林・林業基本法解説

森林・林業基本政策研究会／編著
Ａ５判・上製函入・310頁・定価3,990円（本体3,800円）・図書コード1212

　平成13年7月に公布・施行された「森林・林業基本法」の条文の主旨などをわかりやすく説明した、唯一の逐条解説書。

〔逐条解説〕
農林漁業バイオ燃料法

農林漁業バイオ燃料法研究会／編著
Ａ５判・並製・定価3,255円（本体3,100円）・図書コード2871

　農林漁業バイオ燃料法は、農林漁業に由来するバイオマスの生産からバイオ燃料（エタノール、バイオディーゼル燃料、木質ペレット等）の製造までを連携して行う農林漁業者とバイオ燃料製造業者、農林漁業に由来するバイオマスやバイオ燃料に関する研究開発を行おうとする方々に対して支援を行うものです。

　本書は、農林漁業バイオ燃料法の内容やその支援措置について解説したもので、農林漁業者、バイオ燃料製造業者、研究開発を行おうとする方々にご利用いただくものです。

株式会社 大成出版社

〒156-0042　東京都世田谷区羽根木1-7-11
TEL 03-3321-4131　　FAX 03-3325-1888
ホームページ　http://www.taisei-shuppan.co.jp/
※ホームページでもご注文いただけます。